AF397325

Bibliothèque Littéraire de Vulgarisation Scientifique
8° Z 14790
LES LIVRES D'OR DE LA SCIENCE
S⁰ⁿ DES SCIENCES GÉNÉRALES
M. GRIVEAU
LES FEUX & LES EAUX
PETITE ENCYCLOPÉDIE POPULAIRE ILLUSTRÉE
PARIS
LIBRAIRIE C. REINWALD
SCHLEICHER FRÈRES ÉDITEURS
15, RUE DES SAINTS PÈRES, 15
1 franc
N° 11

PARAITRONT SUCCESSIVEMENT :

Section d'économie sociale . . .	CH. RICHET	. Les Guerres et la Paix.
Section littéraire	L. MICHAUD D'HUMIAC	Les grandes Légendes de l'Humanité.
Section des sciences appliquées.	Dr FOVEAU DE COURMELLE. . .	L'Électricité et ses applications.
Section médicale	Dr SICARD DE PLAUZOLES. .	. La Tuberculose.

EN VENTE :

No 1 : *Section historique*	J. WEBER	. Le Panorama des Siècles (Aperçu d'histoire universelle).
No 2 : *Section ethnographique* . . .	EDMOND PLAUCHUT	Les Races Jaunes : les Célestes.
No 3 : *Section Sciences appliquées.*	L. AUBERT	La Photographie de l'Invisible, les Rayons X (suivi d'un glossaire).
No 4 : *Section industrielle*	E. CHESTER	Histoire et rôle du Bœuf dans la Civilisation.
No 5 : *Section préhistorique.*	STÉPHANE SERVANT. . . .	La Préhistoire de la France.
No 6 : *Section d'histoire naturelle* .	EMILE DESCHAMPS.. . . .	La Vie Mystérieuse des Mers.
No 7 : *Section artistique*	PAUL GINISTY	La Vie d'un Théâtre.
No 8 : *Section littéraire..*	FRÉDÉRIC LOLIÉE. . . .	Tableau de l'Histoire littéraire du Monde
No 9 : *Section des professions.* . . .	Dr MICHAUT	Pour devenir Médecin.
No 10 : *Section médicale.*	Dr J. DE FONTENELLE. . .	Les Microbes et la Mort.

PRIX DE SOUSCRIPTION AUX 12 PREMIERS VOLUMES

Paris : **10** fr. — Départements et Étranger **12** fr. *franco*

Les souscriptions doivent être accompagnées d'un mandat-poste

Les Feux et les Eaux

DU MÊME AUTEUR

EN PRÉPARATION DANS LA MÊME COLLECTION :

L'Air et la Terre, 1 vol.

Le Triomphe de l'Aurore, de Guido Reni (le Guide). (Cliché Alinari frères.-Florence).

Les Feux et les Eaux

PAR

Maurice GRIVEAU

Avec 16 Figures dans le texte

et 4 Planches hors texte dont 2 en couleurs

DESSINS DE A. COLLOMBAR

PARIS

LIBRAIRIE C. REINWALD

SCHLEICHER FRÈRES, ÉDITEURS

15, RUE DES SAINTS-PÈRES, 15

1899

INTRODUCTION

Le *Feu* et l'*Eau*, que nous réunissons ici dans une même étude, représentaient, pour les Anciens, deux Éléments, — et deux éléments en conflit. On peut s'étonner que nous fassions retour à cette vieille conception des quatre *Éléments*, lorsque, pour la science moderne, l'*Air* et l'*Eau* sont déjà des corps composés, que la *Terre* est un agrégat de corps très complexes, et qu'enfin le *Feu* même n'est pas un corps, mais l'apparence optique et tactile, comme le tableau d'une combustion.

Mais, fiers de notre savoir moderne, à juste titre, il ne faut point pour cela tenir les Anciens en mépris. D'abord, étant « les Anciens », ils sont excusables de n'avoir pas su ce que nous savons. Et puis leur savoir, aussi court qu'on voudra, n'en était pas moins, par certains côtés, très profond. Sans doute ils n'avaient pas l'expérience — ou plutôt ce qu'on appelle aujourd'hui l'*expérimentation*; mais ils possédaient peut-être une intuition supérieure. Ils voyaient parfois l'Univers dans son ensemble. Vue panoramique brouillée, je l'accorde, avec beaucoup d'illusions visuelles, de lacunes, mais vue panoramique, et par conséquent harmonieuse. Nous autres, c'est probable, nous retrouverons cette harmonie : ce siècle d'analyses minutieuses sera suivi d'un autre, où la synthèse se fera. Alors se découvrira la vue d'ensemble de jadis, enrichie cette fois de détails, dégagée de tous les fantômes, claire, intégrale, à la fois convaincante et suggestive.

En attendant, je crois opportun de réagir contre une tendance trop étroite à la spécialisation. On m'objectera l'abondance des documents : la Science est encombrée, je sais bien. Mais, d'autre part, cette abondance rend légitime une synthèse. Si chaque savant est forcé de se cantonner dans une branche, pour la cultiver et l'accroître, n'est-il donc point permis au philosophe, sûr des résultats essentiels, d'embrasser de son regard l'arbre tout entier ?

Par exemple, voici deux phénomènes qui font le sujet de ce livre : le *Feu*, l'*Eau*. Se plaçant au point de vue spécialiste, on dira : vous ne pouvez faire un chapitre unique sur le *Feu*. Le *Feu* n'est pas une personnalité scientifique, une *entité* : c'est une apparence qui résulte de vingt, de cinquante, de cent opérations très diverses. Les unes sont naturelles, les autres, le produit de nos arts. Et, parmi les feux naturels, que d'espèces! Il y a le feu des astres, étoiles ou comètes, qui relève de l'astronome; puis le feu du ciel, l'éclair ou la foudre : celui-là appartient au météorologiste; puis le feu central, dont les géologues ont assez à faire de s'occuper; puis le feu des chimistes et des physiciens, la *flamme*, qu'on colore, qu'on dirige, qui décompose et qui combine; enfin ce feu latent qu'on ne voit pas, mais qui sort par les yeux, dans la passion, que la mort éteint, qui consume le charbon déposé par les aliments dans nos tissus : le feu de la Vie..... L'industrie des hommes crée même d'autres feux, utiles ou magnifiques, qui suffisent chacun à fonder un art, une catégorie technique complète : les phares, l'éclairage au gaz, à l'électricité, la pyrotechnie.

Fort bien, répondrai-je; et ce programme dont on croit m'effrayer, m'encourage. Justement ce sont tous ces feux que je veux rassembler dans un seul chapitre. Ils sont très différents par leur origine et leur but; mais ils se ressemblent, ils s'identifient par le fond. Il y a, dans toutes ces manifestations si spéciales, quelque chose de général et de commun qui leur fait donner, observez-le, le même nom, qui les englobe tous dans ce vocable : *Feu*. C'est ce quelque chose que je veux dégager. Et pourquoi? — Parce que — Aristote l'a dit — « il n'y a de science que du général. » En effet, la Science, doit plutôt être le tableau de *ce qui est* — que de « ce qui paraît » : elle est, disent les philosophes, *objective*. Or, au point de vue objectif, c'est-à-dire extérieur à nous, la Nature est une. Les recherches les plus récentes ont démontré, je ne dis pas la corrélation, mais l'*identité* fondamentale de ces forces qu'on nomme Lumière, Chaleur, Électricité, Magnétisme... C'est ce qu'on appelle la loi d'unité de composition : elle se révèle également dans la Chimie, qui n'est qu'une Physique moléculaire. Enfin, d'après Van t'Hoff, on serait bien près de relier les lois de combinaison des atomes à celle des vibrations; de sorte que le monde physique se réduirait en définitive à ces deux choses : du *mouvement*, de la *matière*.

Cette unité, qu'on a reconnue dans l'Univers, pourquoi ne point l'admettre en la Science de l'Univers ? N'est-il pas d'ailleurs, plus intéressant pour l'esprit de voir les phénomènes présentés dans l'ordre où les groupe, d'instinct, le langage, non pas successivement, et brisés, mais simultanément, en tableau ? — Ce n'est pas seulement plus intéressant, c'est plus scientifique. Car, au fait, les divisions que nous introduisons dans le domaine du savoir sont factices : elles viennent de nous, d'une faiblesse de l'esprit, d'une incapacité mentale à se représenter beaucoup de faits dans un seul instant. En résumé, il n'y a pas « des sciences » : il est *une Science*. Et c'est elle dont je veux donner l'esquisse en ce livre.

Je ne distinguerai pas, dans le chapitre de l'*Eau*, par exemple, une Physique, une Chimie, une Hydrographie, une Météorologie — à part. Mais l'*Onde* posera devant moi comme un être vivant, qui reste toujours *un* à travers ses multiples transformations. Qu'elle s'écoule majestueusement en fleuve ou bondisse en cascade, qu'elle demeure comme indécise en la brume ou se précipite en averse, qu'on la foule de ses pas, immobilisée dans le fleuve de glace, ou qu'elle se dérobe au regard sous le bleu limpide du ciel, — fluide, gazeuse ou solide, aérienne ou terrestre, c'est toujours l'*Eau*.

Ce parti de *monographie* que j'adopte a d'ailleurs cet avantage, qu'exposant chaque thème générateur, avec ses variations, dans un seul morceau, l'enchaînement des idées est plus souple, plus *mélodique*, et la forme littéraire se trouve pour ainsi dire « orchestrée ». L'on se plaint que les livres de Science soient arides. Mais cela tient d'abord à ce qu'ils présentent les choses d'une façon fragmentaire, les choses qui, dans la Nature, sont liées, même entrelacées l'une à l'autre. La Nature, justement, n'est si belle, — on ne l'appelle, couramment, *belle Nature*, qu'à cause de cet ordre harmonique. La Terre n'est pas un de ces musées où tous les analogues sont étiquetés, rangés en étalage fastidieux : et voilà la raison pourquoi nous l'aimons. Les espèces ont pu dériver, originairement, les unes des autres ; mais une fois libres, elles se disposent autrement, rompent leur enchaînement, ne forment plus de *lignes,* mais des *réseaux*. C'est la condition expresse de la Vie ; — c'est aussi la condition principale de la *Beauté.*

Ce livre que j'écris n'est pourtant pas un livre d'art ou d'esthétique ; ce n'est pas non plus un livre d'histoire naturelle, exclusivement. Car si le Vrai chimique, le Vrai météorologique et le Vrai géologique sont confondus déjà dans l'Univers, le *Vrai* s'y fusionne, par surcroît, avec le *Beau.* C'est encore une notion trop peu répandue que cette unité réelle de phénomènes qui, pour nous, se brisent sous deux angles, le *rationnel* et le *sentimental.* Ainsi la « flamme » est à nos yeux, suivant le point de vue, danger ou spectacle ; un feu lointain, dans la campagne, nous fait accourir, incertains : si c'est un incendie que nous découvrons, le sens pratique de la conservation — ou le sens idéal du dévouement — s'éveille seul. Si c'est un feu de joie, c'est le sens pur de l'admiration, le sens *esthétique*. « La belle flamme ! » disons-nous.. Et cependant l'élément qui nous réchauffe alors et nous égaye est celui qui consume ailleurs les granges et met en deuil tout un village.

Or ce cumul existe partout, dans le monde : le ciel étoilé se laisse contempler comme un objet d'art, et pourtant il relève de l'Astronomie mathématique; on dit même la *Mécanique céleste*. De même le phare, qui, pour un but utile, exclusivement, jette son regard en cercle sur l'Océan, est « sublime ». L'Océan lui-même, fait d'hydraulique aveugle, et menaçant, devient un spectacle : on le contemple ainsi qu'un tableau, on l'écoute comme une musique.

Vous me direz : cela tient à notre éducation. — Sans doute, mais le résultat, justement, de cette éducation, est de développer en nous le sens de l'*harmonie*; et c'est cela qui fait ce qu'on appelle la « beauté ». — L'étude de la *Beauté* se trouve donc unie, radicalement, à l'étude de l'histoire naturelle. Et c'est si vrai que les savants les plus positifs ne peuvent décrire les phénomènes de l'Univers de sang-froid : leur langage s'exalte en dépit d'eux-mêmes; ils traitent ces faits naturels de *merveilleux*; même ils qualifient certaines démonstrations ou certaines expériences *d'élégantes*...

C'est que la Nature, en soi, — non plus que notre esprit, — n'est ni scientifique, ni poétique, à part : c'est une œuvre *globale*, à la fois nécessaire et luxueuse : c'est la Nature.

LES FEUX ET LES EAUX

LE FEU

—

FEUX CALMES ET LOINTAINS

Feux calmes et lointains... je comprends sous cette rubrique les astres et les constellations sur qui le télescope de l'astronome est braqué. Ces astres, je ne veux pas ici n'en parler qu'en pur astronome (à supposer que j'aie qualité pour cela), non plus les peindre à part, en esthète exclusif... Je vais tâcher d'en dérouler le tableau simultané, objectif et subjectif à la fois, dans son ordre extérieur — et dans sa magie.

Feux « calmes et lointains », c'est en effet le caractère de ces mondes si reculés dans l'immensité de l'espace, à nos yeux, que leur forme de sphère se réduit à un point brillant, un point mathématique. Avez-vous quelquefois songé que de ces foyers, distants presque d'un infini, vous ne saisissez que *l'éclat* — et combien atténué encore! Ni leur *sonorité*, ni leur *forme* ne nous arrivent. Et même ces soleils trop lointains n'éclairent aucun objet sur la terre; leur vif rayon ne communique aucune chaleur, il ne nous

touche pas. — Je le sais, me répondrez-vous.
Mais moi je vous dirai : Savez-vous que c'est
là le trait principal, — un des traits principaux
de leur *expression ?* Vous rendez-vous compte de
ce qu'ont de suggestif en soi ce silence, cette
froide et solennelle passivité, cette absence d'effluve olfactif et de calorique?... Aussi, cette fixité à
peine troublée par le scintillement?... Ici-bas, au
niveau du sol, en ces feux d'herbe qu'on allume
dans la campagne, en ces feux de bûches qu'on
fait flamber haut et clair dans les âtres, tous nos
sens sont intéressés; ils vibrent en accord complet de *six* sons : homogène et riche orchestration
qui se compose de chaleur, d'éclat, de couleur,
d'un mouvement flexueux, obstiné, d'un crépitement sec et sonore et d'une odeur *empyreuma-
tique...* Tout cela vit d'une vie brusque, éner-
gique, qui vous atteint, qui ranime votre vie —
ou qui la menace. Ce feu que vous allumez vous-
même, péniblement, et qui se déchaîne si vite,
ce feu qui tombe vite aussi, qui *meurt,* vous
l'appelez d'un nom spécial : c'est la *flamme.* Alors
si c'est un soir clair et froid de janvier, et que
vous ouvrez un instant votre fenêtre sur le ciel,
quel contraste que ces points épars de lumière
aiguë, concentrée, douce pourtant à l'œil, qui,
sans rayons matériels, rayonnent comme une fleur
sulfureuse à 6 ou 8 pétales divergents, et qui,
sans mouvement de leur corps, scintillent comme
une fleur qui tremble...

Cette fixité trémulante de l'étoile, elle nous affecte un peu comme un *trille,* et c'est par une
sorte de trille, en effet, très haut dans les cordes,

que Wagner, en son Lohengrin, évoque en nous,
l'image d'une étoile.

Il est vrai — curieuse antithèse — que l'astre

Le Feu, de F. Albane (Musée Réveil).

réel de là-haut est éloquent par son *silence*, justement... Mais on sait que le silence est fort bien
représenté par des sons.

Ce silence de l'étoile, avec son défaut de chaleur et de parfum, la recule sans doute encore dans l'immensité pour vos yeux. Un sens influe sur l'autre, même quand il est muet. Est-ce que les *pauses*, dans l'orchestre, ne font point valoir les notes parlantes? Aussi, l'oreille emplie de la musique des étincelles, êtes-vous comme étonné devant ce feu taciturne des constellations ; votre odorat, saturé du pénétrant arome des combustions, cherche pour ainsi dire un effluve à ces lointains foyers, qui n'arrive pas... Ne saisissant alors le ciel constellé que par un seul sens, et le plus intellectuel de tous, par la vue, votre âme, en quelque sorte, comble le vide : elle immatérialise le spectacle, lui prête une idéalité supérieure, un *lointain psychique.*

N'ayant ni résonance, ni parfum, ni mouvement sensible en l'espace, l'*étoile* a, dans sa figure et son attitude passive, quelque chose de gracieux et d'amical pourtant qui nous émeut. Elle a le regard persistant et le fixe vacillement de prunelle de celles qui sont parties et vous disent un long adieu, du lointain... De ces voyageuses qui vont où vous ne pouvez les suivre, elles ont la douceur assez douloureuse, l'absence déjà d'une haleine et d'une voix qui se perd en route...

Et je ne parle pas ici de l'harmonie des sphères. Sous ses dehors poétiques, ma prose est plus rigoureuse qu'il n'apparaît. Mais je fais plutôt allusion au tumulte prodigieux qui doit s'épandre de tels foyers, du fracas épouvantable à se figurer qui sortirait, pour une oreille plus proche, des Soleils ; ils ne resplendissent, en effet, si glorieusement, que par une éruption perpétuelle, une

combustion, un tourbillon géant d'ondes vapo-
reuses et de flammes.

Et cela, nous ne l'entendons pas. Le ciel, semé
de feux, est un vaste champ de silence. Nous ne
percevons pas non plus les mouvements trop
grandioses de ces feux, qui sont des sphères, et
des sphères lancées, d'un essor vertigineux, dans
l'espace, des *projectiles*. Nous sommes les spec-
tateurs très lointains d'un combat d'artillerie formidable ; à des milliers de lieues au-dessus de
nos têtes passent ces boulets, ces obus géants
qu'on appelle planètes, et dont la vitesse s'exprime par des quantités à peine chiffrables. Or,
de la distance où nous sommes, cette vitesse équi-
vaut à la presque immobilité : l'astre qui vole,
plane pour nos regards. De sorte que le plus vertigineux de tous les mouvements connus nous
donne le plus tranquille des spectacles, le type
de la mobilité par excellence nous suggère la plus
parfaite image de la fixité.

Je ne parle pas seulement ici des planètes, mais
des étoiles, dont le « mouvement propre », réel,
est constaté par les astronomes, mouvement d'une
lenteur infinie à notre mesure, et qui, vu l'incommensurable distance d'elles à nous, doit tenir
une allure infiniment vive...

C'est une chose très curieuse, et très neuve, que
d'observer un pareil contraste, une antithèse aussi
tranchée entre la réalité vivante, hors de nous,
et l'image qui s'en forme au dedans de nous. Mais
pareille disproportion s'accuse déjà, tout près,
au ras de notre planète. Vous connaissez l'effet
mystérieux des orages, des incendies, des combats

ou des feux d'artifice éloignés : ces éclairs qu
découvrent soudain un amas de nuées sombres à
l'horizon, sans tonnerre; ces lueurs haletantes
d'un brasier dont le crépitement ne vous parvient
pas; ces éclairs de canons lointains dont le gron-
dement se perd en l'espace; ces jolies fusées de
fête, ces pluies d'étoiles qui blanchissent le ciel
des plaines, un instant, sans que votre oreille sai-
sisse l'explosion rythmée de la poudre et les rumeurs gaies de la foule...

****

Je m'en voudrais de trop insister sur la beauté
scénique du ciel et de ne point vous arrêter
sur ses lois d'ordre et d'harmonie. Le fait qui justifie le *beau* d'un seul coup, sur notre globe, est
que, sans les dispositions qui nous le dispensent,
ce globe serait inhabitable. Oui, je dis bien, ma-
tériellement inhabitable. Imaginez, en effet, une
planète moins abritée, d'où l'homme entendrait
gronder les orages solaires et verrait courir les
étoiles... Mais la Terre n'entend que ses propres bruits, elle est isolée dans l'espace; la gravi-
tation la mène, en son cycle fatal, où elle doit
aller. Que des astronomes-poètes regrettent de ne
pouvoir communiquer avec Mars... Moi, tout au
contraire, je jouis de cet empêchement forcé; je
l'admire. Il est, comme beaucoup de choses for-
cées, un bienfait, et les rêves de liberté sont encore ici de faux rêves. Il faut, à mon avis, tourner
son esprit comme nous voyons tourner l'univers.
Cet espace qui met les astres hors de notre por-

tée, fait à la fois notre sécurité et la perfection du spectacle. Et comme plaisir et profit vont toujours de pair, il éveille en nous, avec l'émotion, le désir de connaître : il fonde la *Poésie,* simultanément, et la *Science.*

Si loin que nous pénétrons dans l'histoire, nous voyons ces deux sœurs, depuis séparées, marcher fraternellement côte à côte. Les peuples pasteurs furent des astronomes et des poètes. Lucrèce embellit d'éloquence un système savant sur le monde. Au Moyen Age, on tailla des cosmogonies symboliques en la pierre. La Renaissance eut ses *Théologies* du Feu, de l'Eau, de l'Air, des quatre éléments.

Ne croyons donc point, en scrutant le Beau, nous écarter du Vrai et du Réel. Fait vraiment décisif! le poète nonchalant qui contemple le ciel de ses yeux, sans aller plus loin, et l'astronome laborieux qui poursuit les astres dans leur fuite, arrivent tous deux au même terme essentiel : l'enthousiasme. C'est que tout, dans le ciel *astronomique,* est ordre, combinaison certaine, harmonie, et que cet ordre, cette harmonie dans l'architecture extérieure retentissent fatalement sur l'effet de perspective du ciel purement pittoresque. Si nous pouvions embrasser, comme fait Dieu, le spectacle dans son ensemble, il est impossible de pressentir ce qu'alors nous ressentirions; mais, plus humblement, retraçons-nous le tableau du monde tel que Newton l'a calculé; faisons, de son abstraite cosmogonie, une image. Les orbites elliptiques ou circulaires des planètes, celles presque paraboliques des comètes,

la trajectoire seulement ébauchée, se perdant dans
l'inconnu, des étoiles, tout ce réseau céleste si
grandiose exaltera notre imagination rationnelle :
la Raison, si pesante, se sentira pousser comme
des ailes... Comment, alors, un ciel de nuit qui
ramène ces différences réelles de lointain au péri-
mètre d'une voûte apparente, qui confond le plus
distant avec le plus petit et le plus grand avec le
plus proche, qui change le mouvement en immobilité, le tumulte en silence, qui transpose enfin
l'Infini à l'échelle finie de notre œil, comment ce
ciel ainsi mensonger peut-il nous émouvoir à son
tour, et satisfaire la logique en dissimulant l'ordre ?

Parce que, si le rythme astronomique du monde
est caché, il l'est par d'autres rythmes que gou-
vernent, au fond, des lois identiques. Par exemple, vous savez que l'*attraction* réciproque des
corps célestes s'exerce, d'après les lois de Newton,
en raison inverse du carré des distances. C'est
là ce qui règle les orbites et fait l'abstruse beauté
du spectacle. Or la *lumière*, elle aussi, décroît
d'intensité *suivant la loi du carré*. La répartition des feux sur la voûte céleste, et leur variété
de grandeur, suivent donc une mesure géométrique; et d'ailleurs la lumière se propageant, se
réfractant, s'irradiant suivant des lois géométri-
ques, il devient aisé de comprendre l'harmonie
d'un ciel étoilé, tout réduit qu'il soit, pour notre
vue, à une sorte de projection. Encore faut-il ajouter à la clarté précise et ponctuelle de ces feux, à
la profondeur perspective du fond, à sa teinte noire
ou d'azur sombre, au silence, à la scintillation, à la

sensation libre d'espace, tout le cortège d'idées qu'il ébranle en notre intelligence d'hommes. Idées mystiques, scientifiques et poétiques : bonheur craintif d'un Paradis entrevu, plaisir et fierté de scruter l'au-delà de notre atmosphère, idée d'harmonie dans les figures et dans les nombres, souvenirs mythologiques évoqués par les noms d'étoiles, sentiment de repos immense, bienfaisant oubli des détails discordants de la terre et de notre vie si banale, pressentiment d'une vie plus haute, plus sereine, plus harmonieuse.

Le ciel étoilé dit cela : ce n'est donc pas une voûte menteuse, un trompe-l'œil. Il nous cache l'ordre astronomique, c'est vrai, ne nous restitue que par réflexion la beauté dynamique de l'Univers. Mais il ne nous cache point l'Ordre, en général ; et même n'est-il pas surprenant que l'Humanité, de ce petit observatoire écarté qu'est la Terre, ait pu, sur le seul document d'une mappemonde immobile, reconstituer le *mouvement*, la *proportion*, les *traits* extérieurs, authentiques de la vie des mondes ?

LE SOLEIL ET LA LUNE

LE SOLEIL

Il est fâcheux que l'existence tout artificielle que nous menons dans les villes nous empêche de contempler certains phénomènes, et ceux justement dont la vue nous serait le plus profitable. Ainsi combien de fois avons-nous l'occasion, dans Paris, de suivre le passage d'une nuit d'étoiles au grand jour ? Et lorsque ce bonheur nous arrive, nous le gâtons par tant de préoccupations accessoires !... Cependant nous avons là, toujours prêt, un spectacle gratuit, sans les ennuis, les dangers de la foule ; et quel régisseur lutterait contre une pareille mise en scène ?... Je ne la décrirai pas, ce serait la diminuer ; résumons seulement ses causes d'expression, de beauté. Puisque le plaisir ici vient d'une activité particulière de notre âme, ce sera donc accroître le plaisir...

D'une belle nuit d'été, con tellée d'étoiles et sans lune, au jour ensoleillé le plus pur, on passe par une transition insensible. Ici le mot de *gamme chromatique* me vient aux lèvres, et je m'aperçois à temps qu'il est faux ; car cette fusion de degrés qui fait le lever du jour si lent, si solennel et si beau, se traduirait, *mélodiquement,* par un miaulement colossal fort déplaisant. Si l'on tient à comparer les jeux de lumière aux jeux sonores, le véritable équivalent du crescendo de la clarté, c'est le crescendo de l'*intensité*. L'obscurité, c'est, en musique, le silence; la lumière qui pointe, c'est le bruit qui naît. J'ai démontré naguère que l'équivalent de la *couleur* est le *timbre* des instruments. Or le prélude de cette symphonie naturelle, qui se nomme le *crépuscule* matinal (et dont le crépuscule du soir est le finale), n'est pas un simple *crescendo*, une gamme du *Noir* au *Blanc* : la robe de la Nuit qu'on dit *noire*, est souvent d'un azur foncé (lorsque abonde, par exemple, la vapeur aqueuse dans l'atmosphère), et, si le premier reflet du jour qui s'annonce s'appelle *aube*, d'un mot qui veut dire *blancheur*, le rose tendre et ravissant, le rose de l'aurore lui succède; il passe au citron, puis au ton d'or du plein midi.

L'aurore *aux doigts de rose!* cette formule est devenue banale, c'est dommage. Pourquoi l'idée d'une main, ici, au lieu du visage et du *teint*, simplement? — Parce que le rose de l'aurore rayonne, étend des rayons divergents, digités. A une jeune fille, je dirais d'écarter les doigts de sa main devant la lumière : elle fera, par la diaphanéité des jointures, un petit lever de soleil...

Ceci me ramène à la *forme* de l'astre du jour. Il ne faut pas oublier que c'est le frère de ces milliers d'astres qui viennent de sombrer dans sa propre lumière. Si les étoiles peuvent se dire soleils éloignés, le Soleil se pourra définir une étoile très rapprochée. — Quelle différence d'aspect, il est vrai, ce simple rapprochement entraîne! Au lieu d'un point sans contour, c'est un *disque*; au lieu d'un regard froid et doux, et qu'on peut fixer, c'est un œil énorme et perçant, que le nôtre est incapable de supporter, un œil qui nous aveugle et tuerait notre œil si ce dernier s'obstinait à vouloir le dévisager dix secondes.

Aussi bien, le rôle du Soleil n'est-il pas *d'être vu*, mais de *faire voir*. Si le chemin de nuit est un louvoyement de navire au long des côtes illuminées de mille phares, le chemin du jour est l'entrée franche et calme du bâtiment dans le port éclairé d'une seule nappe lumineuse.

Le Soleil, lui, notre Soleil, cumule les fonctions de phare et de foyer; il chauffe en même temps qu'il éclaire, tantôt donnant sa lumière de préférence, et tantôt sa chaleur. Astre brillant d'hiver sur des champs de glace, ou feu mi-voilé de printemps filtrant sa tiédeur à travers des gouttes orageuses.

On voit que ces nouveaux aspects sont d'accord avec des fonctions nouvelles. Étoile proche et, par sa proximité, gigantesque, le Soleil, comme Aldébaran ou Sirius, est encore, à notre regard, *rayonnant*. Mais au lieu de lancer six ou huit tentacules en flèches courtes, c'est un polype d'or à cent bras, un resplendissant Briarée. Ces faisceaux qui semblent sortir du disque solaire, il est vrai, c'est notre vue qui nous en donne l'illusion : ce sont des faisceaux subjectifs. Une sorte de fascination organique met autour de la tête chauve de l'astre cette chevelure, crinière glorieuse, héraldique. Mais, trait curieux, ces faux rayons, qui se laissent si bien contempler dans le miroir d'un lac, par exemple, ils remplacent dans notre esprit les vrais, qui ceux-là sont invisibles et consistent dans les vibrations propagées... Je fais remarquer là un fait que je ne tiens pas de la physique, car aucun livre, aucun professeur ne me l'enseigna... N'est-il pas bien curieux cependant de voir un phénomène illusoire, et venant de nous, *mimer* exactement le phénomène réel, extérieur? Le langage a consacré ce transfert par le terme ambigu de *rayon*, que le profane prête aux belles flèches d'or sans réalité, et le monde savant aux trajets, identiquement orientés, mais latents, de l'onde solaire.

La brume qui s'interpose rétablit la réalité rigoureuse, elle découronne l'astre, le dépouille de ses cheveux d'or fondu; son contour apparaît alors net, circulaire, limitant un corps sphérique, — ce qu'il est. Et, du même coup, nous pouvons fixer ce visage rutilant, le regarder en face, ainsi le visage pâle de la lune... Étrange lune orange ou vermeille, qui ne jette pas un clair-obscur bien tranché, mais diffuse sa lueur égale dans la ouate uniforme de l'atmosphère... D'autres fois, aux journées somptueuses de juillet, il se cache à demi, le Soleil, sous des nuages, de lourds cumulus métalliques (et légers pourtant), qui lui font comme un baldaquin royal. Alors la Nature, ordinairement gracieuse, prend un style pompeux, un *style Louis XIV*. Je l'aime moins ainsi, peut-être pour avoir inspiré — et mal inspiré — les fameuses *gloires* aux rayons dorés, aux nuages boursouflés, qu'on prodiguait sous le Roi-Soleil.

Mais la Nature n'est pas responsable de nos mauvais goûts. Et d'ailleurs, lors même qu'elle adopte le ton magnifique, elle n'écrase pas, n'est jamais insolente dans son luxe, jamais emphatique. Et pourquoi? Parce que, je le répète, elle ne vise pas au décor, et nous en donne pourtant la sensation par la seule instrumentation de nécessités. Une GLOIRE naturelle est faite d'une orientation fatale de rayons et d'ombres; il est même prodigieux de songer qu'une loi physique très simple, celle du *trajet rectiligne* de la lumière, arrive à produire quelque chose d'aussi artistique, d'aussi *composé*... Lorsque j'étudiais l'Optique dans les traités, qu'elle me semblait géométrique et sèche, cette loi :

La lumière se propage toujours en ligne droite.

Et nul maître ne m'en ayant averti, je ne la vis, de bien longtemps, prendre vie, s'incarner dans la Réalité radieuse du dehors... Alors, ce fut une découverte, et comprenant le sens de ces beautés, qu'on admire à part, je fus poursuivi du besoin de la propager, — tels ces beaux rayons qui portent leur vérité à travers les millions de lieues de l'espace jusqu'à notre œil.

Résumons-nous. La forme la plus essentielle et la plus grandiose que revête le *Feu*, pour nous autres humains, c'est le *Soleil*. Ce feu, tel que le télescope des astronomes le révèle, est agité, violent, irrégulier, comme celui de nos éruptions terrestres... et, grâce à la distance que le Suprême Géomètre mit entre lui et nous, il nous paraît fixe et paisible... Ainsi des autres soleils bien plus écartés, les étoiles, qui s'aperçoivent comme des points — et sont des sphères. Elles aussi consument dans leur foyer, rouge, vert ou violet, des poussières volatilisées, qui font des nuages, et des orages. Et ce sont ces mêmes feux que nous avons pu qualifier de *calmes*, étant lointains.

Cette métamorphose des faits physiques initiaux, dont la brutalité meurtrière s'adoucit, en s'approchant de notre habitat, jusqu'à la paix rêveuse, le rassérènement, la grâce, — est une leçon pour notre foi et pour nos Arts. Elle dit d'abord, si clairement, l'intention divine de nous ménager, de nous laisser vivre..., que dis-je? — de nous faire vivre, et vivre dans un état d'extase, et de respectueuse admiration. Et puis elle nous apprend comment nous devons nous y prendre, elle nous instruit des *degrés de recul* qu'il faut mettre à nos conceptions, de l'*éloignement esthétique* où nous devons nous placer pour juger des œuvres... Car la flamme du génie, rapide, impétueuse, inégale, a besoin, pour atteindre le goût, d'un long trajet dans l'espace froid, rationnel; sa brusque mobilité, d'un rythme trop large, modère spontanément, d'ailleurs, ses écarts en la loi classique du plus court chemin. La ligne droite est la ligne d'élection pour le rayon d'art comme pour le rayon de lumière. Il est des talents qui frappent obliquement, comme une aurore, un crépuscule; d'autres tombent verticalement du zénith... Il est aussi des réfractions, des polarisations de l'idée... Mais le principe de la beauté dans l'œuvre d'Art, aussi bien que là-haut dans l'œuvre de Clarté, c'est la rectitude.

***

Abstrayons-nous, maintenant; sortons de ce *mai* si subtil, impressionnable à d'autres éléments que l'utilité, de ce *moi* sublime qui ne peut saisir un reflet sans concevoir une pensée, ni respirer une fleur sans aspirer à l'Idéal. Dépouillons le rayon solaire de son éclat, de sa couleur, de tout ce que nous mettons instinctivement en lui de nous-mêmes... *Objectivons*, comme disent les philosophes. Le rayonnement, alors, se réduit à quelque vibration propagée, quelque chose d'analogue à ces ondes, à ces cercles d'eau que le choc d'un caillou lève concentriquement dans un lac. — Cela, bien entendu, dans des proportions infiniment moindres, d'une subtilité qui n'est possible que dans un milieu impondérable, un *éther*.

Ce qui, dès lors, pour notre œil, est rayon *de feu*, serait en soi, hors de notre vue, plutôt rayon d'eau, d'un fluide mille fois plus souple encore, plus plastique et plus élastique que l'eau. Ce rayon d'éther, ainsi bien saisi de votre œil interne, suivez son trajet à travers l'espace jusqu'au niveau de la terre ferme, ou de la mer, et dans la profondeur des tissus dont l'être vivant, animal ou végétal, est ouvré.

A travers l'atmosphère, déjà, mais surtout au contact des objets terrestres, le rayon que nous n'appellerons pas *lumineux*, puisqu'il n'entre encore en aucun œil sensible, — ce rayon venu du Soleil exerce, en atterrissant à nos rives, des actions *physiques, chimiques, biologiques.*

C'est-à-dire qu'il rebondit sur les surfaces, ou pénètre les corps, — qu'il les ébranle de son propre mouvement, ou les laisse muets, — qu'il produit ainsi, suivant la période vibratoire et la résonance du milieu, ce que nos yeux interprètent comme *teinte* ou comme *ton*, — que, se joignant à d'autres rayons, en faisceau, il achoppe aux obstacles solides, aux corps opaques, crée derrière eux cette zone d'éther en repos qu'on appelle une *ombre*, — qu'il agit même, enfin, sur les corps organisés, flore ou faune, à la manière d'une trombe minuscule, excitant ou retardant leur vitalité, les faisant épanouir ou périr.

Étendez vos regards sur ces bois, ces prés, ces haies tout en fleur... La poésie profonde et mystérieuse qui s'en dégage va-t-elle s'évanouir si je vous y fais découvrir des êtres vivants qui se nourrissent, s'aiment, se perpétuent, meurent, et se transforment, cela sous la nappe unie des rayons solaires ou les faisceaux distincts des étoiles...

Êtres vivants que nous sommes, nous aussi, mais d'une vie trop artificielle, sommes-nous au courant de la vie menée par ces feuillages et ces fleurs sous la lumière ? — Nous la faisons, cette lumière, oisive et dilettante à l'image de notre sentiment artistique; tandis que, dans sa splendeur qui s'ignore, elle est active, utile, bienfaisante, et même, en soi, n'est-elle que cela. Nous remarquerons les taches d'ombre que projettent les arbres sur un pré, les *ronds* de lumière que sème le Soleil à travers les branches... La pensée ne nous vient pas d'une communion perpétuelle entre l'onde lumineuse et l'onde vitale ; la lumière qui baigne les cimes s'arrête, pour nous, à leur contour ; elle les fait visibles et belles, et c'est assez ; nul ne se demande ce que la plante fait des rayons que le ciel verse à flots sur elle pendant le jour, ce qu'elle fait des ténèbres qui l'environnent durant la nuit...

Alors si par hasard un artiste, tout à la beauté, apprend les expériences des botanistes, il s'étonne que des faits se passent, essentiels, sous l'écorce des chênes ou l'épiderme des roses, et qu'il n'aurait jamais soupçonnés.

C'est ainsi que moi-même je fus saisi comme d'un paradoxe quand, pour la première fois, j'appris que le rayonnement du Soleil *arrêtait la croissance des tiges...* Comment ? En plein midi, lorsque l'astre au zénith verse toute sa chaleur sur la végétation, celle-ci ne serait pas au maximum de son essor ?... Tout au contraire ; c'est dans l'obscurité que la plante multiplie le plus activement ses cellules : les rayons qui fondent pour nous la lumière agissent sur cette plante en ralentissant sa croissance, et plus ces rayons sont vifs à nos yeux, plus cette croissance est gênée.

La lumière, — la vibration lumineuse plutôt, joue donc ici le rôle de frein : loin d'accélérer le travail cellulaire, comme on le croirait, elle le retarde... Et c'est une disposition nécessaire, autrement le végétal épuiserait ses forces ; il pousserait trop vite en longueur, aurait des tiges frêles et nécessitant un soutien, serait tout en *lianes.*

Mais pourquoi, justement, est-ce la source de

vie qui refrène la vie?... Je dois m'arrêter un peu sur ce point, car il est d'un intérêt capital :

Si l'Energie lumineuse arrête le mouvement plastique (et ce n'est pas seulement chez les plantes), c'est qu'elle excite en l'être vivant la sensibilité. C'est une loi peu connue mais fondamentale, que *tout ce qui stimule le sentir, empêche le pouvoir.* Ainsi, la science moderne l'atteste, la suractivité d'un sens chez l'animal entraîne une *paralysie* du système musculaire et moteur. La fascination de l'oiseau par le serpent est un de ces cas. Toute excitation brusque, intense ou prolongée d'un muscle produit un spasme qu'on appelle le *tétanos physiologique.* Quand un ami vous frappe inopinément sur l'épaule, vous demeurez, n'est-ce pas? tout interdit. L'annonce d'un malheur vous « coupe bras et jambes »... Fait plus probant encore : l'excitation maladive d'un organe, son *hyperesthésie*, produit comme phénomène consécutif un *reflexe* d'ARRÊT, l'inhibition. L'œil enflammé, rendu *douloureux*, devient, par relâchement du muscle, larmoyant; la peau trop échauffée se couvre, par un mécanisme analogue, de sueur; nous sommes organisés de telle sorte que l'excès d'ébranlement d'un côté produit de l'autre côté un enrayement, et, comme ces derniers exemples en témoignent, c'est une sauvegarde, un bienfait.

Mais la plante n'a pas de sensibilité, direz-vous... Si fait, seulement une sensibilité non perçue d'elle-même, inconsciente. Il n'est pas besoin d'une *perception* proprement dite ici : l'*impression* pure et simple, l'*attouchement* suffit à provoquer un réflexe. Ainsi, quand les feux de midi surexcitent le végétal, tout insensible qu'il puisse être, son impulsion vitale est réprimée. La végétation d'ailleurs dort manifestement à ces heures brillantes; elle fait, comme les animaux, sa sieste. Les rayons trop violents du soleil engourdissent autant que le froid... Dans la Nature, les extrêmes se touchent et les contraires s'identifient.

Du domaine physiologique ou de la Vie, la loi s'étend sur le domaine psychique, même esthétique. Un bruit trop fort assourdit l'oreille; nous sommes « tympanisés ». De même une lueur trop vive éblouit l'œil, nous sommes aveuglés. Or le sentiment, le jugement de goût, subissent le retentissement de ces arrêts : que la lumière s'exalte ou que la sonorité s'exagère, il n'est plus question de beauté. Le beau, plastique ou musical, c'est la mesure dans la force: au point de vue physiologique, c'est la perception nette du stimulant, sans celle de la stimulation intérieure. Pour qu'il y ait plaisir et profit, il ne faut pas que l'homme arrive à ce point d'entendre le bruit de sa propre machine et de sentir le jeu secret de ses rouages.

Ainsi notre vie d'homme, si supérieure, est-elle en étroite concordance et sympathie avec la vie végétative des arbres, des fleurs, des verdures et le même tempérament lumineux qui règle la croissance et la santé du feuillage, dirige nos sensations, nos idées. Aux feux *lointains et calmes* des astres, des constellations, répond l'âme rassérénée, recueillie dans ses profondeurs.

La lune *météorologique* et *poétique*
que nous la voyons directement dans le paysage).

La lune *astronomique* ou lune des sa
(telle qu'on la découvre au télescop

LA LUNE

Plus proche, de beaucoup, mais lointaine encore, et tranquille surtout, en sa blanche clarté, est notre satellite, *la Lune*. Les feux qu'elle nous jette ne sont pas d'elle ; c'est un pur reflet, c'est l'ardeur du disque solaire adoucie, *féminisée*, pourrait-on dire. L'impression résultante de calme est si connue, si évidente, qu'il serait oiseux d'insister. Ce qu'on ne remarque pas autant, c'est la propriété, pour ainsi parler, *achromatique*, de ce feu, — le fait qu'un clair de lune dépouille les objets terrestres ou célestes de leur couleur, qu'il crée un clair-obscur décidé, pur de toute teinte spécifique, un contraste élémentaire du *noir* et du *blanc*. Cette abstraction du coloris que le jour solaire, au contraire, diversifie singulièrement, prête au paysage éclairé de lune un caractère marmoréen, *sculptural*. L'impression d'*idéalité* vient ici, comme en l'*Architecture* ou la *Sculpture*, d'une élimination du caractère spécifique le plus important après la forme : la couleur. J'ai noté, dans d'autres études, l'avantage esthétique obtenu, quand feuillages et fleurs, transportés du règne vivant au règne de pierre, animent les chapiteaux, les tympans, les frises, les pinacles de la cathédrale d'une vie schématique, abstraite, — d'une vie de rêve.

C'est aussi l'impression de rêve qui domine, qui plane sur un site seulement éclairé par *Phœbé*. Ces forêts d'ébène et ces eaux d'argent, ces rameaux noirs et déliés sur un fond de lait, ces

fleurs décolorées, ces nuages de velours gris, ces
routes douces comme de la soie blanche, vous
transportent en un monde nouveau, calme et pur,
d'où la vie se serait détachée, doucement, avec un
grand repos, une quiétude sans anéantissement,
— comme un paradis intime, assourdi, où l'on
se délasserait seulement de la fatigue d'avoir
vécu.

FEUX INTERMITTENTS ET PROFONDS

—

FEU CENTRAL ET SES MANIFESTATIONS

(VOLCANS, ETC.)

Il me semble que l'astronome, ayant l'idée nette que la Terre est un globe isolé, suspendu dans le vide et roulant, doit s'émerveiller quelquefois de ce que la stabilité de ses télescopes lui permette de fixer les astres à loisir... Quel navire idéal que la Terre, pour voguer ainsi sur l'immensité sans roulis! quel idéal aérostat, pour flotter suivant une ligne égale, sans trépidation!

De son côté, le géologue peut se féliciter de ce que la mince écorce terrestre, dont il connaît les sous-sols tumultueux, le laisse observer ses fossiles, ses échantillons de roches à son gré, ne penche pas la table où s'étendent ses cartes et lui fasse, en un mot, le travail facile...

En vérité, l'habitude est une ingrate, et nous ne songeons pas assez à ces tolérances de la Nature... Elle qui ménageait déjà nos sens et notre vie par un recul des foyers brûlants, devenus étoiles paisibles, elle se prête, par une douceur presque féminine, à l'étude que nous faisons d'elle : on dirait que la Terre met de la coquetterie, vraiment, à ne pas bouger, tandis que l'homme achève son portrait... Par moments sans doute, ainsi qu'un modèle fatigué, nous la sentons soulever son échine. Ces spasmes, on les connaît : ce sont les *tremblements* de terre ; rares, jamais bien étendus, très adoucis dans nos latitudes tempérées, ils semblent vouloir nous rappeler, de temps à autre, que cette planète qu'on croit morte, vit, d'une vie minérale, sans doute, mais intense. Et comme le geste des êtres animés supérieurs, cette secousse de la Terre trahit un foyer profond. L'existence du *Feu central* est une de ces certitudes qu'on ne touche pas de ses sens, et qui ne sont qualifiées d'hypothèses que par une sorte de respect humain scientifique. Ce feu, ni vous, ni moi, ni personne ne l'a vu, ne le verra jamais. Et pourtant son existence est aussi sûre que celle du feu d'usine qui flambe entre des murs fermés et que dénoncent extérieurement l'odeur, le bruit et le panache de fumée noire.

Cinq faits principaux prouvent le feu central :

1° l'accroissement régulier de la température en profondeur ;

2° la structure cristalline des roches primitives ;

3° le jaillissement des sources thermales, des geysers ;

4° les éruptions volcaniques, et leur cortège ;

5° enfin l'analogie frappante de forme entre les astres et les traits de parenté des planètes avec les soleils.

1. Que la chaleur augmente à mesure qu'on pénètre plus avant sous le sol, c'est ce que

les mineurs ne savent que trop. Ce calorique, évidemment, ne peut provenir du Soleil ; il est si naturel de penser qu'il naît d'un soleil intérieur, d'un astre que la planète emprisonne, et qu'elle emporte avec elle dans l'espace... La cosmogonie de Kant et de Laplace nous a restitué l'unité de composition du monde sidéral, comme la théorie vibratoire nous montre l'unité de composition du monde physique, et celle des atomes, l'unité de composition chimique. Cette histoire si transcendante des corps célestes est très simple : une première condensation forme l'*étoile* aux dépens de la poussière cosmique des nébuleuses; une seconde revêt l'étoile d'une croûte opaque et fonde la *planète*.

De même, vers l'autre extrême, au monde que révèle le microscope, on voit la matière plastique vivante, le protoplasma, se condenser en *cellules*, puis ces cellules, d'abord nues, se recouvrir d'une membrane (1)...

La Terre fut donc, à son état primitif, une étoile. Son mouvement de translation autour du Soleil ne peut être objecté, car on connaît, dans les plaines du ciel, des étoiles tournant autour d'une étoile.

Un phénomène qui dépasse l'échelle des faits coutumiers, familiers à nos yeux, nous appa-

(1) Le parallèle peut être poussé bien plus loin encore, puisque la matière plasmique, comme la matière cosmique, prend la forme sphérique et radiée, qu'elle rayonne l'énergie parfois sous forme lumineuse (voir plus loin la phosphorescence), enfin, que la genèse microscopique des cellules s'accompagne d'attractions et de répulsions, d'un mouvement tourbillonnaire mimant, en miniature, la nébuleuse.

raît comme invraisemblable. Mais le Vrai l'est parfois aussi, — un proverbe l'assure. Nous sommes si bien habitués à ces deux royaumes nettement limitrophes, la terre ferme ou l'Océan d'un côté, de l'autre l'Atmosphère ; et nous avons peine à nous figurer un moment où l'élément solide n'existait pas, où l'atmosphère contenait tous les métaux et les métalloïdes à l'état de vapeur, volatilisés, éblouissants... Et pourtant ce moment fut, la science la plus positive l'atteste. La silice cristallisée dans le quartz, ou cristal de roche, les composés de cette silice associés à des bases comme l'alumine, la magnésie, matériaux les plus communs des roches éruptives, les macles cristallines, les inclusions, les traces de corrosion intérieure, — tout témoigne d'un bain chimique prodigieux où les éléments volatils, refroidis par le rayonnement en l'espace, se seraient solidifiés par degrés, passant au stade de vapeur lourde puis au stade pâteux, enfin au cristal...

Déjà ne sommes-nous point parvenus, avec nos feux si faibles de fourneaux et nos pressions relativement minimes, à volatiliser les gemmes les plus dures, à liquéfier les gaz les plus subtils ? Or, la Nature disposant d'un temps, d'une chaleur et d'une pression à peine concevables, ces transformations qui nous confondent n'ont rien, en définitive, de merveilleux. Ce qui l'est (et je voudrais tourner les esprits dans ce sens), c'est le *rythme* suivant lequel toutes ces opérations se sont accomplies. Et c'est là justement le point qu'on ne fait jamais ressortir. Ce rythme, il apparaît d'abord dans la forme ellipsoïdale de la planète, si régulière, puis dans la distribution géographique, si pondérée, des terres et des eaux, puis dans la loi d'accroissement des degrés de température en profondeur, aussi dans la structure et la disposition des reliefs, mais surtout dans la perfection géométrique des *systèmes cristallins*.

2. Ici le nombre, je dirais volontiers la mesure musicale, se manifeste en rigueur logique, en beauté. Le *cristal*, c'est, dans l'univers abordable à nos yeux, la première apparition de la *symétrie*, cette base de tout art, fût-ce le plus fantaisiste. Car la Symétrie, déjà splendide et séduisante dans sa rigueur, — témoin le schéma de l'étoile, ou le plan de la fleur rayonnée, — se transfigure sans cesser d'être, en ces formes plus souples et serpentines, où telle ouverture d'angle, telle alternance, tel contraste ou tel balancement la révèle sous son incarnation la plus abstraite : l'*harmonie*...

Ainsi, le bienfait esthétique du *Feu*, c'est de léguer la *Symétrie*, celle du grenat, de la staurotide ou de la topaze, par exemple. Je dis bien *léguer*, car le Feu la donne en mourant. Le chimiste vous dira que le cristal se forme par un *refroidissement lent* et calme. Moi, esthéticien, je traduis sa formule ainsi : c'est la décroissance du *pouls* vibratoire, qui, rapprochant les molécules écartées, les amène à la cohésion, suivant des alignements définis. Ces molécules, autant de menus pendules affolés, qui, dans le gaz, oscillaient d'une libre amplitude, et que la vibration d'éther décroissante ramène à des écarts bien plus faibles.

Il serait temps, à ce propos, pour la science classique, de laisser là son langage abstrait, métaphorique, indigne d'elle, d'abandonner résolument toutes ces locutions subjectives, comme le *froid*, ou la *chaleur*, locutions qu'embarrasse encore le souvenir de nos sensations d'épiderme. — Ce qui organise le quartz ou le diamant en minuscule et combien merveilleuse architecture, ce n'est pas le froid succédant au chaud, puisque le diamant ne sent pas, et que nous n'étions pas là pour sentir : c'est le « rallentendo » vibratoire, qui se trouve, en rencontrant notre peau, provoquer une sensation thermique. Ce mouvement, tous les corps en sont animés, même quand ils paraissent immobiles : l'aimant en est un exemple typique. Les *vitesses*, les *rythmes* seulement varient, — et c'est la fonction de la vie, de la vie consciente, de transformer ces rythmes en lumière, en chaleur, en électricité. Hors de nous, le Feu qui nous chauffe, qui nous éclaire, est une danse désordonnée d'atomes, une chorégraphie moléculaire échevelée. Que les couples de danseurs se rejoignent, en formant des chaînes, ils deviennent solidaires et composent une figure harmonique. Alors se dévoilent à nos yeux les prismes réguliers à 6 pans, terminés en pyramides, du quartz si diaphane, de la violette améthyste, de la verte émeraude, ceux plus complexes de la jaune topaze, les gemmés à 8 faces du carbone cristallisé (du diamant), du fer magnétique, du soufre, le dodécaèdre du grenat, les prismes assemblés en croix de la staurotide, et tant d'autres pierres précieuses, déjà si joliment taillées par la Nature.

Ainsi les *roches cristallines*, en général, dénoncent le Feu primitif, comme les scories noires et boursouflées de certaines routes annoncent le haut fourneau ou l'usine. — De même aussi qu'au voisinage de l'usine il se trahit, ce Feu caché, par les *eaux chaudes sulfureuses*...

3. Ces témoins fluides du feu sont très populaires, à cause de leurs propriétés médicales. Mais dans la foule de baigneurs qui vient, chaque année, se soigner ou se distraire à ces sources, en est-il beaucoup qui se demandent où naît cette eau si vivante, quelles mystérieuses retraites elle quitte pour porter ainsi l'ardeur avec elle, et l'arome des incendies ? Les savants, à la vérité, se sont posé cette question, mais au seul point de vue *scientifique*, en vue de connaître. Et les poètes manquent là, par insouciance du Savoir, une série d'effets *artistiques*.

Prodigieux contraste, en effet, que celui de ces jets d'eau bouillante échappés de la fraîche verdure pyrénéenne ou du sol glacé de l'Islande... Ce *geyser* qui fuse en colonne et fait fondre la neige à l'entour, d'où vient-il? Ces fontaines fumantes de Cauterets ou de Barèges, à quel foyer ont-elles emprunté leur chaleur?

4. Mais là, certainement, d'où montent les laves et les fumées volcaniques, en ce centre du globe, inaccessible à tout autre explorateur qu'à l'esprit ; dans cette étoile souterraine qui brille sans aucun œil pour la contempler et reste à jamais perdue pour le ciel, étant prisonnière de notre écorce... Ses feux couverts, non pas éteints, luttent désespérément afin de reconquérir l'es-

pace... A travers les murailles de schiste et de granite qui l'étouffent, l'astre captif s'obstine à vouloir percer des issues. Ses révoltes, ce sont les *éruptions volcaniques*. Périodiques et brutales, et, comme tous les efforts infructueux, coupées de pauses et de silences. Le Vésuve s'endort de longs mois, dans la sérénité radieuse du ciel, des jardins fleuris, des gaies villas napolitaines... Et puis, un jour qu'on ne sait pas, sa coupe long-temps vide s'emplit d'un flot tumultueux; des fumées blanches s'en échappent, elles font des nuées d'où jaillit l'éclair; des éponges rocheuses et luisantes sont projetées, telle une lie; et, gigan-tesque libation, le vin sombre, impétueux, des laves, déborde, s'épanche sur les flancs du cône... Il fait de longs ruisseaux, bientôt refroidis et figés; les cendres couvrent la vigne d'une pluie, le soufre se sème sur les sillons; l'homme s'écarte... Et bien vite après, quand l'accès de fureur est passé, il revient; il s'installe encore une fois, couche au pied de cet autel conique de Pluton; il récolte un vin chaud, savoureux, il taille dans la lave amortie les matériaux de sa maison; il vit, travaille, chante, en attendant la nouvelle inondation du Nil noir.

DISTRIBUTION DES VOLCANS

L'EAU ET LE FEU

Jetez maintenant les yeux sur un planisphère. Cette mise en scène de l'éruption se répète sur les points les plus extrêmes du globe : le pôle *arctique* a, comme *l'antarctique*, ses bouches à feu. De l'Orient à l'Occident, la route est jalonnée de ces cônes de cendre. L'*Erèbe* et la *Terror* font pendant à l'*Hékla*, le *Fusi-Yama* japonais au *Chimborazo* d'Amérique. Mais un des récents progrès de la Science est la découverte d'un ordre en cette dissémination apparente. Ordre étonnant, d'ailleurs, et paradoxal, à première vue, car il juxtapose, sur la carte du monde, le *Feu* et l'*Eau*, les monts plutoniens aux ondes de Neptune. On n'avait pas remarqué, jusque-là, que l'immense bassin du Pacifique est bordé d'une ceinture de volcans : ils s'échelonnent, avec un rythme admirable, le long des deux côtes, celle d'Asie, celle du Nouveau-Monde. Ainsi deux lignes de phares prodigieuses, se faisant vis-à-vis, d'un bord à l'autre de l'abîme...

S'aviser d'un fait, pour la Science, c'est être près de l'expliquer. Si le rivage de la mer est le lieu d'élection des volcans, c'est sans doute, pensèrent les géologues, qu'entre le phénomène éruptif et le phénomène liquide, il existe une connexion. Mais laquelle ? — Ici se manifeste très brillamment le rôle vraiment divinateur de la déduction. Ecoutez plutôt...

Les cônes volcaniques, qu'on croyait jadis des monts soulevés et continus avec le sol qui les porte, ne sont, c'est maintenant établi, que des édifices volants, dressés par les éruptions elles-mêmes, non cônes de soulèvement, mais *cônes de débris* : leur appareil architectonique se compose tout uniment de cendres et de scories cimentées par des laves. Chaque éruption, par des coulées nouvelles, répare les brèches qu'ont faites les intempéries dans l'intervalle. Ainsi de ces coupes à mortier sur lesquelles les maçons jettent le sable, et qui s'éboulent régulièrement, haussant leur cratère à mesure. Par conséquent le volcan, dans son état de simplicité primitive, n'est qu'un simple orifice, au ras presque du sol, c'est un trou. Fissure en étoile plutôt, qui se continue dans des profondeurs où nous ne pouvons la suivre que par la pensée. Celle-ci retrouve le trajet des laves, des scories et des gaz, qui montent en ces cheminées rameuses, poussées du tréfond par une force expansive : la vapeur d'eau. Cette vapeur, elle vient, vous l'avez deviné, des eaux marines qui baignent le pied de la montagne. Infiltrée dans les fissures de la roche côtière, l'eau de mer se vaporise au contact des matières incandescentes ; celles-ci, prêtes aux prochaines éruptions, demeurent cependant inertes ; elles ont besoin d'une aide pour forcer la masse refroidie qui, depuis les éruptions précédentes, bouche l'orifice extérieur. — Or c'est le flot d'Océan, justement, qui leur fournira ce secours. Réduit, en la cheminée volcanique, à l'état de vapeur, acquérant une tension formidable, il rompt la cicatrice de lave, et refait une nouvelle blessure saignante au cratère.

Ainsi l'Eau provoque l'explosion du Feu ; Pluton, eussent dit les Anciens, se laisse déchaîner par Neptune... Mais comment, demanderez-vous, ce rôle inattendu que joue l'Océan, est-il géographiquement possible ?... Si l'eau des mers pousse la lave au long des chemins volcaniques, pourquoi cette eau voisine-t-elle ainsi avec le volcan ? Et quelle cause met partout deux éléments adverses en présence ?

Se demander cela, c'est chercher la loi du relief. Or cette loi se peut résumer de la sorte : aux sommets les plus escarpés correspondent les dépressions les plus fortes.

En effet, l'eau des mers, qui cherche toujours son niveau, vient combler les grands creux et battre, du même élan, les hautes murailles côtières. Que si l'Atlantique se retirait, quittait son lit, on n'aurait plus d'abîme à sonder, ni d'escarpement à toiser, mais cet unique fait : un grand *pli* de l'écorce terrestre.

Arrêtez votre regard sur ce pli : là gît tout le secret de l'étonnante et paradoxale juxtaposition de l'élément aqueux et de l'igné.

Car ce qui, vu d'en dessus, est le contraste d'une éminence et d'un creux, apparaît l'antithèse, en dessous, d'une voûte et de son pendentif. Or on sait que le point faible d'une voûte est son sommet, là où justement on met le voussoir le plus résistant, la clef de voûte.

Ce point, dans la voussure terrestre, devient ainsi le lieu d'élection des fractures. Déjà, nous mesurons sur toute la longueur de l'arête, en une chaîne côtière, la trace des déchirures primitives. Les laves granitiques qui s'épanchèrent alors se sont refroidies depuis et consolidées ; mais leur substance aujourd'hui n'est pas homogène : elle est fissurée, lézardée : c'est une voûte dont les voussoirs, disjoints, joueraient au besoin les uns sur les autres. Même, ce jeu des matériaux qui composent l'écorce terrestre rend compte des tremblements de terre ; il explique aussi directement les *volcans* et leurs éruptions..... Les matières incandescentes de l'intérieur ne peuvent plus, comme autrefois, venir au jour par des crevasses, si longues et si larges que la lave épanchée couvrait tout un pays, — tel la Bretagne, le Plateau Central ou les Vosges, ou, sur le Nouveau Continent, l'interminable chaussée des Andes, des Cordillères... Ces mêmes coulées de *granit* ou de *porphyre*, issues jadis du Feu profond, s'opposent maintenant en obstacle à de nouvelles sorties de ce Feu. La jeune lave, en ses élans, trouve la lave ancienne qui l'arrête. Alors, impuissante à détruire une voûte si ruinée, pourtant si tenace, elle se glisse par les fissures, profite des joints, des méats ; elle arrive à la crête de la montagne par le détour d'étroites cheminées, auxquelles son cône de cendres fait pour ainsi dire un chapeau... Cette limitation des orifices volcaniques, en contraste avec l'étendue des anciennes fractures, a fait qualifier celles-ci de *plaies*, ceux-là de *pustules*. La comparaison n'est pas idéale, peut-être, mais elle a le mérite d'être exacte. En effet, les volcans sont des exutoires naturels ; par des épanchements périodiques et limités, ils protègent la Terre de catastrophes plus étendues ; les éruptions volcaniques sont des crises funestes et salutaires à la fois, comme les orages. Ainsi que je l'explique en d'autres ouvrages, la planète qui nous supporte est un ingénieux système d'architecture articulée. Son écorce, si mince au prix du globe en fu-

sion qu'elle recouvre, n'est si résistante, en définitive, que par sa souplesse et le jeu des fragments qui la constituent, — jeu qui, sans éruption,
dresse les *failles*, et qui, provoquant la sortie du
feu, fonde les *volcans* (1).

***

Alors, tout se comprend ; les faits s'enchaînent
avec harmonie sous nos yeux. Si, sur l'immense
pourtour du Pacifique, les VOLCANS s'échelonnent, ponctuels comme des phares, c'est que leur
alignement est celui des grands *plis* primitifs
de l'écorce. Le sommet de ces plis, pressé par le
feu souterrain, sert de piédestal aux volcans ; leur
base reçoit l'Océan dans son creux. Ainsi l'*onde*
et la *flamme*, en ce vaste monde, sont rappro-
chées : les extrêmes se touchent.

5. Si maintenant, après être descendu dans les
mines et avoir senti là monter régulièrement la
chaleur, — après avoir vu jaillir, bouillantes, à l'air
libre, les eaux artésiennes ou minérales, — après
avoir suivi l'éruption d'un volcan dans toute ses
phases, — après avoir pesé dans votre main un
morceau de granit ou de lave, un cristal de ro-

1. Ceux-ci resteraient inertes, d'ailleurs, sans la provoca-
tion violente des vapeurs. Vous savez l'origine de celles-ci :
c'est l'Océan dont l'onde fraîche bouillonne au voisinage du
volcan et vient s'infiltrer dans ses veines, pour se transformer en torrents de vapeurs. Ainsi l'*Eau*, par elle-même inerte,
prend justement au *Feu* l'énergie qui la fera triompher de
son inertie. — Et, dans ma phrase, le *pronom* se trouve con-
venir, trait curieux, à l'élément provoquant et à l'élément
provoqué..... Magnifiques subtilités de la simple Nature !

che, — vous hésitiez encore sur l'existence d'un *Feu central*, alors, levez de nouveau vos regards vers le ciel constellé. D'abord, sur le fond obscur de la nuit, vous ne voyez que des points lumineux, des *étoiles*... Mais vous apprendrez à discerner, grâce au télescope, les astres lumineux par eux-mêmes, les *soleils*, — et ceux qui, recouverts, ainsi que notre *terre*, d'une écorce, brillent comme des miroirs, et non comme des flambeaux. Observez maintenant que ces derniers astres, les *planètes*, ont la forme sphérique du Soleil, qu'ils sont, comme lui, suspendus dans l'espace ; que les lois d'attraction les enchaînent, les font solidaires ; que le ciel des étoiles, en son ensemble, offre tous les signes d'une évolution ; que certains feux *violets* ou *blancs* sont à leur apogée, d'autres, *jaunâtres*, sur leur déclin, d'autres enfin, par leur éclat virant au rouge, annoncent une incrustation relativement proche(1); — méditez sur la théorie de Kant et Laplace, vue sublime fondée sur des calculs rigoureux, et vous vous convaincrez qu'une même vie, tour à tour, anime ces soleils et ces planètes, que l'étoile présente sera la planète future, peut-être, et que la planète d'aujourd'hui n'est que l'étoile d'hier. Hier, aujourd'hui, demain représentent des siècles ; mais qu'importe ? La Création dispose d'un temps infini.

Votre œil donc saura déceler, sous l'éclat d'emprunt de *Mercure* ou de *Vénus*, de *Jupiter* ou de

1. Voir Janssen, *L'âge des étoiles*, dans *Revue Scientifique* du 19 nov. 1887.

Saturne, le foyer profond et tout personnel de ces astres. Tous, comme notre *Terre,* cachent sous leur cuirasse, que dore le Soleil de ses rayons, un feu central. Il a laissé même, en notre satellite, la *Lune,* une trace évidente dans les volcans. On sait combien les paysages lunaires ressemblent à nos régions volcaniques éteintes du Plateau Central. Je demeure sur cette analogie si frappante. C'est l'aspect le plus populaire d'une loi d'unité qui comprend tous les astres, s'étend au ciel *tout entier.* Parmi tant de globes si variés qui roulent dans l'espace, les uns sont lumineux, d'autres illuminés ; tous, sans exception, sont, ont été jadis ou seront un jour des foyers nus, sphériques, rayonnants. C'est ainsi que l'étude des Feux *profonds, intermittents,* se trouve naturellement rattachée à celle des autres Feux que nous avions nommés *calmes et lointains.*

Le Moulin à eau, de Hobbema. (Cliché Jager, Amsterdam).

FEUX-FANTOMES

Les astres que fixe l'astronome à la voûte sombre et constellée, les laves incandescentes que le géologue voit sortir de terre, ce sont les réalités du Feu. L'*arc-en-ciel*, les *halos*, l'*aurore boréale*, l'*éclair* lui-même, à certain point de vue, en sont les *images* (1). Fugitifs ou constants plus ou moins, toujours passagers, ils ne sont pas le produit immédiat d'une combustion, d'une incandescence : ce sont des reflets affaiblis de l'Energie solaire ou des lueurs émanant d'autres sources d'énergie, non localisées en des astres, en des foyers distincts. Voilà pourquoi je les appelle *Feux-fantômes*.

L'ARC-EN-CIEL

Le feu-fantôme par excellence, c'est l'*Arc-en-ciel*. Joli fantôme et rassérénant, celui-là, dont l'apparition est un charme, altéré par le seul regret de le voir s'effacer si vite. Je ne sais pas s'il est un seul être humain sur les habitants de cette planète qui soit insensible au spectacle de l'Arc-en-ciel. On peut différer sur le choix des formes

(1) On trouvera peut-être forcé d'avoir mis l'*arc-en-ciel* dans le même groupe que l'*éclair*. Je répondrai par ce seul fait que la langue italienne désigne l'arc-en-ciel par une locution qui veut dire *arc-éclair* (*arco-baleno*).

ou des couleurs dans les arts (1), même être partagés de goût sur les paysages naturels; devant l'arc irisé que peint le Soleil dans les nuages, il n'y a plus aucune discordance de sentiment; chacun subit la même impression : cet arc d'alliance rallie toutes les âmes... Et pourquoi ? C'est ici toute une psychologie dont je veux donner le tableau : la psychologie de l'Arc-en-ciel.

Le mot français, remarquez-le, n'exprime, de ce beau phénomène, que la *forme* et la *situation* ; pour nous, l' « écharpe d'Iris » est *un arc tendu dans les nuages :* il n'est pas question de couleur (2). Et c'est là pourtant l'élément principal. On le retrouve d'ailleurs en les périphrases : *arc irisé, arc aux sept couleurs*, etc.

Pourquoi le coloris, dans cet arc, a-t-il le don de ravir tous les peuples et tous les âges? C'est qu'il offre trois qualités d'ordre universel et fondamental : il est *intégral*, il est *gradué*, il est *idéal*.

En disant que la couleur de l'arc céleste est intégrale, j'entends qu'elle réunit là, sur un court espace, *toutes* ses variétés essentielles. *Espèces* serait mieux, car si l'on connaît des nuances à l'infini, toutes se peuvent rapporter aux sept types spécifiques connus :

Violet, indigo, bleu, vert, jaune, orangé, rouge (3).

(1) Un proverbe assure que « des goûts et des couleurs il ne faut disputer ». Cela même ne devient-il pas impossible devant la gamme de toutes couleurs ?

(2) Ce serait une étude curieuse de comparer ici toutes les langues connues.

(3) Il est fâcheux que pour forger un vers d'ailleurs médiocre on ait ajouté l'*indigo*, qui n'est pas une *espèce*, mais

Chacune de ces teintes, à part, exerce sur l'œil
et sur l'esprit une action spéciale. Action qui nous
paraît purement intellectuelle, idéale, mais dont
la base secrète est un degré d'excitation ou d'apai-
sement de notre organisme. Il ne faut pas oublier
qu'en dehors de notre œil humain, le *rouge* est
un rayon de telle « longueur d'onde », une vibration rythmée de l'éther, qui d'abord affecte mé-
caniquement les corps bruts. Le fer qu'un maré-
chal-ferrant bat à coups redoublés dans sa forge,
brûle bien avant que d'éclairer et reste longtemps
sombre, tout en gagnant de la chaleur. Tout d'un
coup, tandis que les tenailles le maintiennent
plongé dans la fournaise, il s'éclaire, et le premier
trait lumineux qu'il projette est le *rouge*.

Dire alors que le *fer est rouge* est une métaphore nécessaire, sans doute, mais illusoire. En
réalité, le fer ne fait ici que continuer sa fine
trépidation moléculaire, ce trille silencieux que
notre peau traduit en chaleur. Un langage plus
fidèle au fait du dehors, plus objectif, dirait que
notre œil le voit rouge (1).

Cette séparation du fait matériel *vibratoire*
d'avec le fait matériel de la *sensation* est plus op-
portune ici qu'on ne croit : elle démasque l'action physique inaperçue du rayon rouge. Car

seulement une variété du *bleu*, tandis que le *jaune-verdâtre* et
le *bleu-verdâtre* devraient prendre la place du vert à peu près
nul en le spectre... Pour des raisons qu'on appréciera plus
loin, je propose la formule suivante, en simple prose : — *Rouge,
Orangé, Jaune-verdâtre, Bleu-verdâtre, Bleu, Violet* —
ce qui ramène le nombre des teintes fondamentales à 6.
On verra le bien-fondé de cette correction.

(1) Effectivement, un *daltonique* (il en est 1 sur 100) le
verrait incolore.

avant de le contempler, ce rouge, en êtres humains, nous le *subissons*, comme le subit l'animal, ou le végétal, ou même le métal. L'éblouissement du feu, qui seul nous intéresse, est précédé d'un choc, qui reste indifférent. Mais ce choc a lieu cependant, et c'est son rythme justement dont l'accélération graduelle extérieure provoque en nous les sensations intérieures et graduées du rouge au violet. Lors donc que nous apercevons, projeté sur un rideau gris, l'arc aux sept couleurs, le plaisir que nous ressentons a pour cause profonde un jeu *complet* et *bien réglé* de notre clavier visuel. Toutes les touches de ce clavier vivant sont frappées, celles du moins qui correspondent aux notes essentielles. Et cela *successivement*, malgré les apparences de simultanéité du spectacle. En sorte que la vue de l'arc irisé n'est pas, à proprement dire, un « accord », mais plutôt une *mélodie* pour l'œil, la plus simple et la plus intégrale des mélodies, à savoir la *gamme*.

Ajoutons que les 6 degrés de cette « échelle chromatique » se suivent à des intervalles si réguliers, ils se fondent avec tant de suavité l'un dans l'autre ; la main vibrante de la Lumière abaisse si légèrement en nous ces six touches, que nous ne percevons que l'*écho* des couleurs, en quelque sorte, et comme une musique optique lointaine.

Le ROUGE du spectre solaire — la note la plus grave — est ici comme féminisée, devient le *rose*. Le charme si pénétrant de cette nuance s'explique — autant qu'une couleur peut s'expliquer — par la vertu physiologique de l'écarlate ou du vermillon, atténuée. Ce que notre œil, en effet, baptise *rayon rouge* est, pour notre épiderme ou celui des plantes, rayon calorifique, simplement, ou même rayon excitateur des tissus (1). L'excitation provoquée par la lumière en général, chez les plantes, se traduit par un ralentissement de leur croissance : la tige est comme fascinée, son activité cellulaire est refrénée par la radiation (2). Or, entre tous les rayons qui la peuvent frapper, les *rouges* (ceux qui peignent le *rouge* à nos yeux) sont les plus actifs. Et ce pouvoir excitant s'exerce aussi bien sur une rétine animale : la couleur rouge hypnotise les taureaux ; elle agite ou déprime les fous, suivant les cas. — Chez l'homme normal et cultivé, cette stimulation organique est assourdie ; le choc nerveux, amorti comme le son d'une corde de piano par l'étouffoir, laisse juste ce qu'il faut pour donner du *montant* à la sensation : les épithètes d'*éclatante*, de *chaude*, de *forte*, de *majestueuse*, données à la couleur *rouge*, témoignent d'un résidu de cette énergie, trop faible pour intéresser notre être matériel, mais suffisante pour ébranler le cerveau, ce siège délicat de l'âme... Ajoutons que la teinte rouge, étant la première à paraître dans un foyer, garde encore une trace de l'obscurité de la nuit ; c'est une teinte *chaude* et *sombre*.

Alors l'expression du *rose*, ce rouge lavé de blancheur, se révèle. Le « rose », c'est l'éclat du

---

(1) Parler de rayon *chaud* vis-à-vis de la plante, est déjà un abus de langage, puisque la plante ne *sent* pas.
(2) Voir page 30.

foyer naissant, — éclairci, la chaleur tonifiante égayée de lumière; c'est le poids de la zone torride allégé d'un souffle de fraîcheur, la sève vitale tempérée, la discrétion dans la force; c'est l'aurore, c'est un sang jeune pressenti sous l'épiderme délicat. Toutes ces images s'immatérialisent en l'Arc-en-ciel, où le rose des aurores s'idéalise encore, et renforce, en même temps, sa pointe de vivacité par le contraste d'autres teintes.

Il passe à l'*orangé*, d'ailleurs, puis au *jaune*, d'une si douce transition, que l'œil, lisant les trois bandes jumelles comme une mélodie, perd de vue les jalons classiques; il ne voit plus dans l'*orangé* qu'un rouge attiédi, plus clair et moins *acide*, en quelque sorte, et dans le *jaune*, qu'un rouge ayant perdu sa chaleur, ayant gagné, par compensation, de la clarté.

Ces caractéristiques que je donne là, ne sont rien moins que fantaisistes : elles tombent en parfait accord avec la marche de la *température*, de la *lumière* et de l'*action chimique* observées dans le spectre. Ce spectre est en effet comme un éventail déployé dont les feuilles, c'est-à-dire les rayons, incolores tant qu'ils se superposent, révèlent, en s'écartant, des couleurs distinctes. — Mais la divergence du prisme ne disperse pas les rayons *lumineux* seulement; d'autres, non perceptibles à la vue, s'entremêlent avec les premiers, et même en prolongent la série des deux parts : ils se trahissent au savant, — ceux de gauche en faisant monter le mercure en un thermomètre, et ceux de droite en impressionnant le papier sensible, d'où leur nom de rayons *calorifiques* ou thermiques dans un cas, — de rayons *chimiques* ou *photographiques* dans l'autre.

Cette trinité de rayons, dont un groupe seulement est visible et les deux autres dissimulés dans l'obscur, la science la plus élémentaire la connaît; elle connaît aussi la disposition réciproque des trois faisceaux : elle sait qu'occupant chacun un tiers de la bande spectrale, ils s'entrelacent de façon à mêler, sur la gauche, l'effet « température » avec l'effet « couleur », — l'effet « couleur », sur la droite, avec l'effet « chimique ». Mais cette symétrie si frappante (je dirais presque artistique), nul n'en a profité jusqu'ici pour déterminer l'expression des six teintes fondamentales. Pourtant, que la partie était belle ! Et, c'est le cas de le dire, quelle lumière jetté ce double entrelacs sur le problème obscur de cette expression ! Beaucoup croient encore la couleur irréductible à toute définition : saurait-on décrire le rouge ou le violet ?... Cependant on leur donne des épithètes instinctives : les peintres, déjà, distinguent des teintes *chaudes* et des teintes *froides*. Voilà de ces indications précieuses, que la Science a pu confirmer. Car si le rouge du spectre est si *chaud* à l'œil, n'est-ce pas qu'il participe encore au pouvoir des *rayons thermiques*, avec lesquels s'entre-croisent les rayons rouges ? — De même le bleu, sur l'autre versant, doit être réellement *rafraîchi* par l'effacement, à ce niveau, des radiations dispensatrices de chaleur.

***

J'appelle, en second lieu, votre attention sur une symétrie moins connue du spectre : celle d'une zone centrale, très claire, entre deux zones extrêmes assombries. Cette fois, ce n'est plus un contraste *latéral*, ou de deux moitiés, mais l'antithèse de deux *pôles*. Au rouge sombre fait pendant, de l'autre côté, le violet, — ou, si l'on veut, l'indigo déjà noyé de ténèbres. Ce sont effectivement là les deux limites du faisceau qui parle à la vue, du faisceau *lumineux*.

Or la nuit qui s'étend ainsi sur la droite et la gauche du spectre, ne fait-elle point des deux côtés *le crépuscule de la couleur?* Le rouge ajoute donc, à son trait de chaleur, un trait d'*obscurité* relative. Ainsi le *violet*, opposé, combine le froid et le sombre. Il existe donc, en le spectre, un *obscur chaud*, un *obscur froid :* la région centrale de clarté se présente alors comme l'image d'un jour terrestre, radieux et doré de soleil, entre un levant carmin et un couchant héliotrope.

Mais il y a plus. Au contraste du *chaud* et du *froid*, à l'opposition symétrique de *l'obscur* avec *l'obscur* dans le Spectre, il faut ajouter, ainsi que je l'ai suggéré par ailleurs, l'antithèse chimique de *l'acide* et de *l'alcalin*.

En effet, si les rayons *thermiques* se couchent, pour ainsi dire, en la région des teintes *chaudes*, qu'ils justifient, celle des teintes *froides* voit naître et pointer, comme une aurore, les rayons *chimiques*.

Le *bleu*, l'*indigo*, le *violet*, tireraient donc une

part de leur expression de l'entrelacs observé, sur ce point, entre les rayons lumineux et ceux, invisibles à l'œil, qui réduisent les sels d'argent. Ce seraient des teintes *alcalines*, par opposition au *rouge*, à l'*orangé*, teintes acides. Bien avant l'invention de Niepce et Daguerre, Gœthe avait admis l'antithèse que nous proposons; il se fondait sur la connexion du rouge avec l'affinité pour les acides, — et celle du bleu avec l'affinité pour les alcalis (1).

En résumé, d'après notre système *des trois contrastes*, chacune des six teintes de l'iris (même chacune des tranches innombrables dont la juxtaposition fait le spectre) est capable d'une détermination, presque d'une définition esthétique. Tout degré de cette gamme, si mélodieusement filée dans l'arc-en-ciel, a désormais une triple *cote*, thermique, lumineuse et chimique : le ROUGE aura pour formule : *brûlant-sombre-acide;* — l'ORANGÉ : *chaud-semiclair-acidulé;*—le JAUNE: *tiède-clair-désacidifié*. Le BLEU verdâtre se dira : *frais-crépusculairealcalin;* — le BLEU FRANC: *froid-sombre-basique;* — l'INDIGO : *glacial-ténébreux;* enfin le VIOLET, où s'annonce l'aurore d'un nouveau rouge, se cotera comme un sel légèrement acide, un clair obscur ambigu, une température *incertaine*.

Sans doute, on n'atteint pas ainsi l'essence des couleurs, mais il semble qu'on s'en rapproche. Et pour peu qu'on se dégage de l'hypnose, iné-

(1) Voir les *OEuvres scientifiques de Gœthe*, analysées par E. Faivre, 1 vol. Hachette, 1862, page 201 et suivantes.

vitable vis-à-vis d'un phénomène aussi captivant, la personnalité du *rouge*, ou du *violet*, s'efface pour laisser apparaître ses éléments. Chaque teinte se conçoit comme un degré d'excitation complexe de nos fibres, une sensation de glace ou de brûlure, de tiédeur ou de fraîcheur infinitésimale, un contact piquant ou mat très subtil, une saveur amère ou sucrée infiniment faible. On a dit que la vue n'était « qu'un toucher à distance ». J'ose dire que la vision des couleurs est *un tact subtil à l'excès*. Cette prétention, d'ailleurs, n'est point téméraire, étant donné la nature vibratoire de l'agent lumineux, chimique et thermique... Est-ce qu'un trille rapide et parfaitement exécuté par des instruments, ne donne point déjà un peu plus que l'impression d'oscillation de deux notes? Chaque note elle-même est un trille, si preste qu'il n'apparaît à l'oreille que comme un son. De même, en regardant l'arc-en-ciel s'ébaucher sur les gouttes de pluie, songeons que notre œil perçoit, en cette oriflamme irisée, si tranquille, une série de trilles étagés, plus qu'aériens, répétés, en écho lointain, du Soleil.

Cet *arc-en-ciel* est un exemple entre mille d'un fait logique, inéluctable, dès le moment qu'un astre comme le Soleil rayonne en déclinant, sur un fond d'averse. Mais cette gamme du *rose* au *violet*, si parfaite? — C'est l'interprétation brillante, par notre œil, d'une *échelle* de rayons précis; ce sextuple ruban aérien n'est justement si parfait dans son courbe parallélisme que par la rigueur inflexible des lois de réflexion optique.

Si ce cortège de couleurs est si bien réglé, c'est « une déviation prismatique » qui l'organise ; et cette circonférence si pure qui se trace par tous les points à la fois, une impassible géométrie la projette à notre vue dans l'espace : elle est née simplement, et d'une façon transcendante, d'un *cône* lumineux.

Formé par les rayons obliques du Soleil, nous ne le voyons pas lui-même, ce cône, nous en apercevons la trace laissée par son intersection avec le rideau vertical de l'averse.

Supposez une volée de flèches qui, tirées d'un même point, s'*écarteraient* en route, ainsi la « cendrée » d'un fusil. Une part ira se ficher sur la cible, une autre, faisant ricochet, se dispersera. Mais si le tir est mathématique comme la lumière, une portion des traits ayant tous divergé sous le le même angle, et *formant couronne*, va rebondir en convergeant sous le même angle encore. Mettez un *œuf* au point de rencontre en deçà : il sera percé de toutes les flèches réunies. Ainsi l'œil de l'observateur, entre ce Sagittaire qu'est le Soleil et la cible des nuées d'orage, reçoit en faisceau convergent tous les rayons de même déviation — et ne reçoit que ceux-là : voilà comment il a la vision d'iris « en couronne ».

Ce schéma coronaire, image restreinte d'un phénomène physique *intégral*, vous le retrouvez dans les *halos*, dans les parhélies ; aussi, plus bas que le ciel, en le firmament minuscule d'un « ménisque newtonien », ou même d'une vitre mouillée ; partout, en définitive, où, soit réfléchis, soit réfractés, les rayons de marche identique, groupés en cône, font resplendir, à leur passage, les gouttes d'eau, tels des diamants.

A ces caractères « optiques » de *l'arc-en-ciel,* j'ajouterai, pour être intégral à mon tour, l'absence de mouvement, partant l'expression mystique spéciale des choses lumineuses immobiles; puis l'apparition et la disparition *sur place* du doux fantôme, — les renforcements ou dégradations de clarté, faisant comme le *crescendo,* le *diminuendo* du thème lumineux, — la *distance,* enfin, qui n'est pas cherchée, par quelque décorateur, pour l'effet, mais qui se trouve automatiquement réglée par le spectateur lui-même, ce dernier se créant, on le sait, son propre arc-en-ciel, et l'emportant avec lui dans sa marche.

La conclusion qui se dégage, aussi précise que la circonférence irisée, c'est que le succès d'un spectacle, loin d'avoir la fantaisie pour auteur, ne s'obtient qu'au prix d'une *harmonie* stricte et minutieuse. Il ne suffit pas que les *couleurs* s'accordent entre elles, — ou les *formes,* il faut encore que les formes s'harmonisent avec les couleurs... La Nature, ici comme ailleurs, nous donne l'exemple. Si l'Art savait, comme elle, s'ignorer et *laisser les lois s'accomplir !*

AURORE BORÉALE — ÉCLAIR

Sous le nom de *Feux-fantômes,* on sait que j'ai réuni les reflets de foyers lointains, comme le Soleil, — et les lueurs directement émanées d'autres sources d'énergie, plus proches de nous, telles l'Electricité, le Magnétisme. A cette dernière catégorie appartiennent l'*Aurore boréale* et l'*Eclair*.

L'Aurore boréale établit le passage, à certains égards, entre le feu-reflet de l'*Arc-en-ciel* — et le feu direct de la foudre. Pour qui ne saurait pas à quelle source elle s'allume, elle paraîtrait, ainsi l'indique son nom, une *aurore*. Aurore immense, mystérieuse, apparue du Septentrion, et n'amenant aucun Soleil à sa suite..... Mais on sait que sa lueur lointaine est une décharge de fluide au pôle magnétique, effluve colossal d'un circuit dont la longueur est celle d'un méridien ; elle annonce dès lors un orage paisible et constant, et se rapproche, par sa nature physique, de l'éclair. Il est probable aussi que les franges vertes et rouges, les volutes, les plis somptueux dont la lumière se drape, pour ainsi dire, en ces aurores boréales, doivent être rapportés à la réflexion des rayons sur la brume; à ce compte, on pourrait les qualifier d'*arcs-en-ciel magnétiques*.

L'*Eclair* n'est pas, lui, fantôme paisible, ni même toujours (hélas!) fantôme inoffensif. Il représente, condensé, resserré dans un court espace, *en filon*, le fluide qui, dans les aurores polaires, se déverse en nappes légères et tranquilles. Ce fluide est laminé, dans l'éclair, comme la charge d'une arme à feu; il éclate, détone comme notre poudre à canon : même, à certaines crises orageuses, comme s'il voulait mimer nos artilleries, il sème sur le sol foudroyé des sphères explosives, telles des bombes, tels des obus. On appelle ces accidents *éclairs en boule,* ou *foudre globulaire.*

Le spectacle en est terrifiant; mais ces boulets célestes, lents dans leur vol, et qu'on peut à la rigueur éviter, sont moins périlleux que le sillon de feu classique. La couleur, en celui-ci, mesure le danger; rougeâtre, le feu du ciel ne doit pas causer d'épouvante : le trajet fulgurant, dans ce cas, est de nuage à nuage; on sait en effet que l'étincelle de nos appareils électriques est *rouge* dans la vapeur d'eau. Lorsque au contraire l'éclair nous éblouit d'un éclat livide, violacé, alors il est meurtrier, il foudroie. Jupiter, en jonglant avec ses carreaux, en laisse échapper un, par mégarde.

Ces *carreaux,* tous en connaissent le type consacré; l'aigle que les statuaires antiques donnaient au dieu pour compagnon en retient dans ses serres le faisceau disjoint, en zig-zag... Ainsi nous apparaît l'éclair, dans un orage; ainsi le traçons-nous d'instinct, de trois coups de crayon, sur le papier; et la ligne brisée deux fois, blanche sur un fond noir, suffit à l'évocation d'un phénomène aussi formidable, —aussi *complexe,* dois-je ajouter, car la photographie instantanée révèle dans l'éclair une figure arborescente très ramifiée.

La plaque sensible, en cette occurrence, dépasse notre œil : dans ce trait de feu brusque qui nous éblouit, elle surprend une structure pennée très délicate; nous sommes loin alors des carreaux

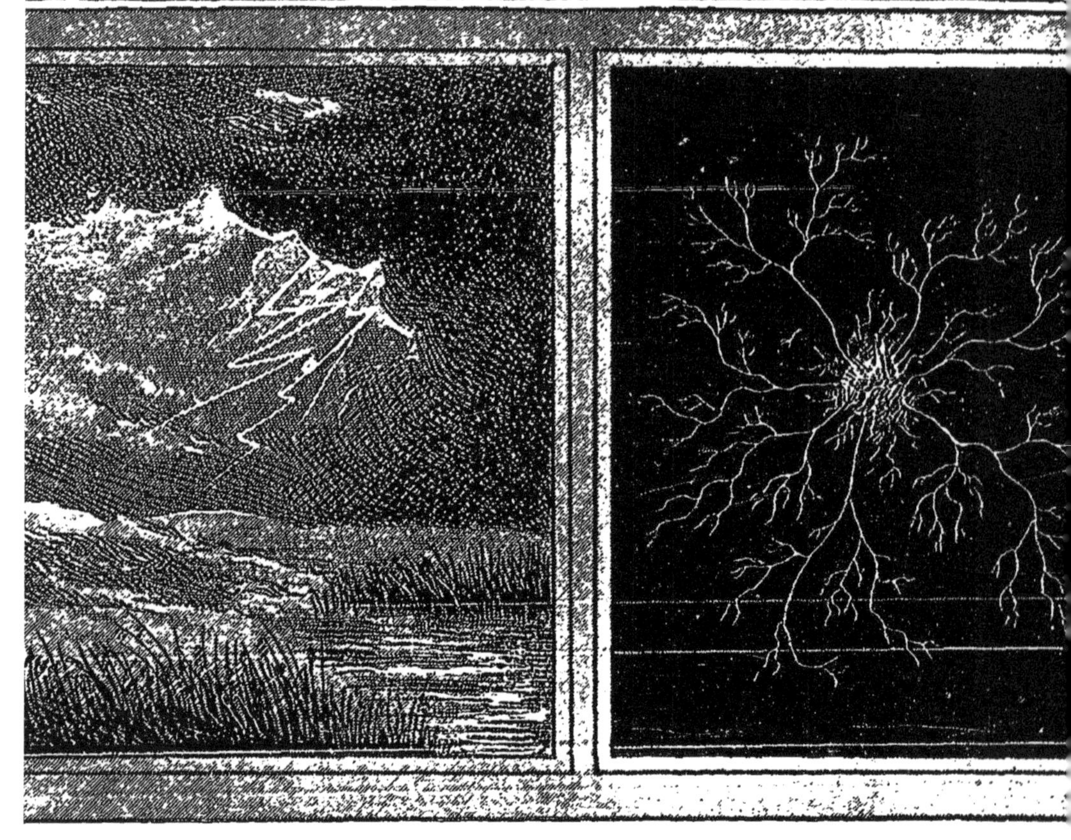

L'éclair *météorologique* et *dramatique*
(tel que notre œil le voit dans un orage).

L'éclair physi c (étincelle électrique
(tel que le révèle une photographie insta

simplistes de Jupiter... Si je vous arrête sur la figure authentique de l'éclair, ce n'est pas au point de vue *artiste*, puisque l'Art doit transcrire ce qui *paraît*, non ce qui est, mais au point de vue scientifique, et d'une Science qui touche à l'Esthétique : la *Science analogique des formes*... En effet, l'arborescence que trahit une lueur de foudre, nous la connaissons déjà dans ces *fleurs* que le givre étale sur nos vitres, en maintes cristallisations minérales ou métalliques, dans certaines fêlures du verre, aux limbes des feuilles, aux racines, aux cimes d'arbres, aux pennes des plantes et des oiseaux, aux *cirrus* flottant dans le ciel comme aux fissures de la terre, aux flocons de vapeurs comme aux effilochages de coton...

Le secret de ces analogies ? Il se trouve en cette loi très simple, que l'*Energie*, dans son trajet à travers les milieux, suit toujours les *canaux de moindre résistance*. Le *Feu*, qui n'est, dans la flamme comme dans l'éclair, que de l'éther en vibration, s'écoule, en somme, à la manière d'un liquide, d'une eau qui ne serait pas précipitée toujours par la pesanteur, mais envahirait, par capillarité, les fissures du sol, les mailles d'une étoffe. Dans l'orage, cette étoffe est la vapeur d'eau qui sature alors l'atmosphère. L'éther qui se condense aux régions supérieures, — fluide *positif*, dans le vieux style, — acquiert une haute tension, et l'atmosphère de vapeurs lui faisant obstacle, il ne peut s'échapper que par les fissures. La forme linéaire de l'éclair, (la plus commune), n'est que la forme du canal creusé dans ce milieu moite par l'Energie, c'est-à-dire l'éther en action. On pourrait définir l'éclair avec poésie, pourtant sans trop mentir : un filon de vif-argent s'écoulant de la gangue obscure des brumes.

Eh ! n'est-ce point, au fait, le procédé constant dont se sert la Nature pour tracer des formes ? — Inorganiques, cristallines, ces formes naturelles ne réalisent leur architecture que dans un milieu qui les baigne : le *bain* chimique. Les *fleurs de givre* sont, à la lettre, un tracé, celui des directions favorites du courant condensateur. Même, en leur contour, les fleurs vivantes indiquent les chemins suivis de préférence par la Vie.

Mais nous ne pouvons nous attarder sur de telles questions. Revenons à l'éclair, qui les a suggérées. Vous connaissez la raison de son éclat, de son coloris, de sa forme. Vous avez saisi le contraste de son mouvement si rapide, avec la persistante immobilité de l'*Iris*. Et pourtant l'expression dont les Italiens désignent ce dernier, — *arcobaleno* (arc-éclair) — justifie le groupement qui nous a fait classer la *foudre* avec l'*arc-en-ciel* sous ce titre : les FEUX-FANTOMES.

FEUX SUBTILS ET VITAUX

FEUX FOLLETS — PHOSPHORESCENCE
COMBUSTION VITALE

L'histoire du Feu finit-elle là-haut, au firmament, en l'atmosphère, et, plus bas, dans les entrailles du sol? Est-ce que les seuls foyers de lumière et de chaleur sont les astres, les météores, les volcans? — Non pas, car si quelque belle nuit d'automne, sous l'Équateur, vos yeux quittent les constellations scintillantes et la ligne haletante des cratères, ils rencontreront, parsemées aux buissons, les lueurs phosphorescentes des *cucujos*. Vers-luisants de ces climats où tout est plus vivant, plus somptueux, ils n'éclairent pas seulement la route aux chemineaux, de ferme en ferme, mais, capturés pour un caprice de mode, passés bijoux, ils jettent leurs feux, désormais, sur la moire des jupes ou la sombre chevelure des senoras. Ces belles dames insoucieuses ont beau soigner leurs joyaux vivants avec amour, les rafraîchir, au retour du bal, par un bain, les régaler de canne à sucre, et se faire une veilleuse de leur effervescence, la nuit, je trouve un peu sacrilège cette façon de traiter la vie parce qu'elle se manifeste en lumière et, sous prétexte de beauté, d'abaisser l'animal au rang de minéral. Ne peut-on satisfaire son luxe avec les feux du diamant? Qu'on laisse l'être vivant dans son atmosphère, innocent, libre, utile. Que les vers luisants de là-bas puissent s'envoler dans l'espace comme les nôtres; qu'on leur épargne le supplice et la honte de respirer les parfums frelatés d'un salon, de coopérer, eux, si franches bestioles, à nos plaisirs mièvres. N'est-il point touchant de penser que Dieu jette tant de luxe en plein champ, et qu'en semant la vie, tout unîment, il ait l'air de semer des gemmes? Ainsi fait-il étinceler nos nuits, resplendir nos jours ordinaires, éclaire-t-il la glèbe, à son tour, de fleurs en soleils, en étoiles, et met-il enfin, dans sa Création où rien n'est oisif, comme un air de fête.

Ces lucioles, qui scintillent de vie et font comme un firmament sur terre, elles prouvent une fois de plus cette vérité : *Le Beau c'est la splendeur du Vrai.* — Qu'est-ce, au fond, que cette phosphorescence admirable? — Une fonction, tout simplement. *Lampyre* du vieux monde ou *pyrophore* du nouveau, le « ver-luisant » n'est qu'un insecte qui rayonne ses combustions organiques. Ce feu que nourrit le souffle respiratoire dans tous les êtres, reste, en règle générale, latent : la flamme vitale est obscure. Si, dans ce cas exceptionnel, elle émerge de la nuit des tissus, n'allez pas croire que c'est un luxe. Non : la lueur des *noctiluques* est une lueur utilitaire, c'est un fanal; la femelle l'allume pour indiquer au mâle son lieu d'attente. Telle Héro, disent les poètes, lorsqu'elle guidait de loin son Léandre à travers les flots obscurs de l'Hellespont..... Mais que cette mythologie paraît théâtrale et poseuse à côté du drame naïf qui se joue là, sur la lisière d'un champ..... Et combien, nous autres modernes, nous aurions tort d'insister sur ces fables, quand la Réalité toute seule est si séduisante déjà, si profonde ! — N'allez point en inférer cependant que je tiens ces vieilles croyances en mépris. Tout ne tient pas dans l'univers tangible, et les conceptions de l'esprit *existent*, elles aussi ; phénomènes sans figure et sans étendue, mais « phénomènes ».

FEUX FOLLETS

Ainsi les Feux follets, chez nos pères, passaient pour des signes ou des gestes féeriques, surnaturels ; ils inspiraient une terreur religieuse. Aujourd'hui, c'est une idée chimique qu'ils éveillent. On ne dit plus, en voyant danser les petites flammes falotes sur un étang : c'est Urgèle ou Morgane qui se démène ; mais, simplement : c'est le gaz des marais qui s'échappe et qui flambe à l'air. Au fond, les deux définitions ne sont pas si contraires. Songez donc que le mot d'*esprit* s'applique à l'être incorporel et à l'essence volatile inflammable... « esprit de vin », « esprit de bois » ; et cette neutralité du langage est un signe de parenté pour les deux faits.

N'est-ce point quelque chose de *merveilleux* déjà, que le fait physique le mieux expliqué ? Jamais d'ailleurs, vous le savez, il ne peut s'expliquer en soi-même. L'Univers nous dépasse, étant œuvre de Dieu. Point *miracle*, si vous voulez, mais *merveille*. Qu'on voie dans le jet spontané du gaz hydrogène éclairant, une fée — ou une force, c'est toujours l'idée d'un intermédiaire qui nous domine, et notre siècle scientifique, de plus en plus, se rallie à l'idée d'un intermédiaire. Et, d'ailleurs, il faut retrancher aux deux vues scientifique et mystique une part de leur absolu. La vision d'un fadet dans l'émanation des étangs n'était, à tout prendre, qu'une métaphore excessive, une métaphore vécue et tremblée, si j'ose m'exprimer ainsi. Notre formule scientifique n'est-elle pas, elle, une *métaphore atténuée?...* Que veut dire *hydrogène?* — « Générateur de l'eau ». Sous cette forme, quelle ampleur et quel cachet mythique prend le vocable! Il faut donc laisser là l'esprit de rigueur, qui n'est pas rigoureux, du reste, en la vue totale du monde.

Sans croire positivement à la réalité des fées, des esprits du Feu, ces hommes simples pressentirent un monde de forces et ce que nous appelons, de nos jours, *les manifestations diverses de l'Energie.* Notre langage, en définitive, n'est guère plus topique, et devant la petite flamme si vive du gaz inerte, comme devant la lueur fixe et morte des insectes phosphorescents, c'est la cause mystérieuse, insaisissable, qui nous impressionne.

Une chose nous apaise toutefois en ce mystère du Feu, c'est *l'unité.* Calmes et lointains dans le ciel, intermittents et profonds sous l'écorce de notre terre, fantômes dans l'atmosphère, lueurs émanant d'êtres en vie, — tous ces feux, divers d'origine, de teinte, de durée, se réduisent au même élément commun : le rythme vibratoire. La combustion qui le lance en l'espace, et le règle en même temps pour nos yeux, est tumultueuse dans les astres, dans les soleils, — étouffée, dans les planètes, sous une écorce ; — elle jette des reflets adoucis sur les nuages et s'irise délicieusement en les arcs-en-ciel ; — elle naît, dans l'éclair, du mouvement des impondérables eux-mêmes qui n'est pas le feu, mais qui communique le feu ; — cette combustion, enfin, restreinte au champ de chaque organisme, entretient la vie, crée mille petits foyers épars et mobiles, rayonnant de la chaleur, toujours, et quelquefois de la lumière... Et dans ce dernier cas, quel infini mesure l'œil humain, allant du ver luisant à l'étoile !

LES USAGES DU FEU

—

FEU-FOYER

LA CONQUÊTE DU FEU

Edmond About dit quelque part qu'un Parisien, égaré de nuit dans la forêt de Fontainebleau, s'il frotte deux brins de bois l'un contre l'autre pour en faire jaillir du feu, suivant le procédé des sauvages, risque fort de s'épuiser sans tirer la moindre étincelle... Observation maligne, mais profonde, car si la nécessité rend industrieux, une longue accoutumance au confort engendre paresse et gaucherie.

N'étant point gâtés, comme nous, par le briquet, les sauvages actuels, ceux très rares qui n'ont pas pris contact avec la régie, manifestent une étonnante dextérité dans cet exercice. Or les plus anciens documents de l'Inde et de la Perse témoignent que le procédé simpliste du moulinet fut celui des premiers habitants de ce globe (1).

Et l'auteur rappelle que les brahmanes répètent encore aujourd'hui cette leçon de la nature.

1. « L'homme, écrit le docteur Saffray, put voir deux branches mortes, violemment frottées sous l'impulsion du vent, prendre feu et lui enseigner en même temps le moyen de reproduire ce fait si étrange pour lui, mais dont il devina du premier coup l'importance... » (*Histoire de l'Homme*, 1 vol., Hachette, 1881).

Il est vrai que c'est dans un but religieux ; et déjà voyez quel perfectionnement s'introduit. Deux morceaux de bois croisés l'un sur l'autre, assujettis par des clous de bronze ; au centre du système, une fossette, et, plongeant dans cette fossette, la pointe d'un bâton que le brahmane fait tourner rapidement, non plus entre ses doigts, comme les primitifs, mais par les deux bouts d'une corde enroulée (1).

Les Esquimaux se servent d'un vilebrequin à courroie très analogue, et pour obtenir le même mouvement de va-et-vient, les Indiens de l'Amérique du Nord usent de l'archet, tel celui qui meut le *foret* de nos bijoutiers.

Mais nos pères ne devaient pas manquer, un jour ou l'autre, d'utiliser le jeu si familier aux bambins modernes, des *silex*

Le premier stade : état *pâteux*.
Un porteur de torche.

qu'on cogne et qui jettent de beaux éclairs dans la nuit... Un fragment de pyrite (2) à la place

1. L'instrument s'appelle *pramatha* (qui ravit par la friction), d'où le nom grec de Prométhée. Voilà une leçon de mots bien profonde.
2. Sulfure de fer.

du silex percuteur, quelque matière inflammable au contact, et voilà le briquet réalisé. Dans les cavernes de *Furfooz*, en Belgique, et des cités lacustres de Suisse, on a retrouvé de ces briquets

Le deuxième stade : état *fluide* (huile végétale). — Lampe style Empire (appartient à l'auteur).

rudimentaires, sur lesquels la *pierre à fusil* du xvᵉ siècle est un grand progrès, mais qui constituaient elles-mêmes un progrès, au temps qui les vit.

Nous autres, entourés à notre berceau de ces bonnes fées, les sciences pratiques, ne pouvons concevoir l'enthousiasme excité par de pareilles découvertes. Mais ce *feu*, qu'un geste banal, à toute réquisition, fait sortir d'un éclat de sapin phosphoré, combien de fois l'homme lui vit dévorer les forêts, consumer les corps animaux, avant d'en éveiller même une étincelle pour son foyer ! Ainsi la vapeur d'eau surchauffée poussa les laves de longs siècles, avant de mouvoir le piston d'une locomotive, et l'air fit flotter les nuages, les plumes d'oiseaux, les graines ailées bien avant de soutenir de sa poussée nos ballons...

Le troisième stade : état *gazeux*. — Un bec de gaz hydrogène carboné.

Aussi, quelle allégresse et quel battement de mains lorsque, pour la première fois, l'éclair jaune jaillit du caillou noir... Un sentiment de respect et de gratitude pour l'*Energie*, quand elle est bienfaitrice, fonda sans doute le culte du *Feu*, né d'autre part, aux bords des lacs de pétrole qui flambent spontanément à l'air libre. En même temps cette témérité, pour l'homme né si faible, de réveiller la force des forces, — peut-être le pressentiment du pouvoir divin, presque, que lui donnerait un jour la source d'énergie déchaînée, cela fut l'origine de la légende prodigieuse de *Prométhée*...

Vous savez d'ailleurs que ce nom grec fut un *mot* sanscrit, (*pramatha*), et que ce mot, exprimant le fait matériel du frottement, implique à la fois l'idée d'un rapt, d'un vol fait à Dieu. Nous, chrétiens, n'avons point de pareils scrupules, et ce que nous tirons du Feu, chaque jour, nous paraît plutôt bien fait divin que rapine humaine : c'est, à nos yeux mieux éclairés, le prix d'un fermage établi sur les biens naturels par la Providence.

La notion d'une *Prévoyance* suprême est d'ailleurs plus claire quand on voit l'homme si faible et si nu, ne pouvant se survivre, dans la Nature,

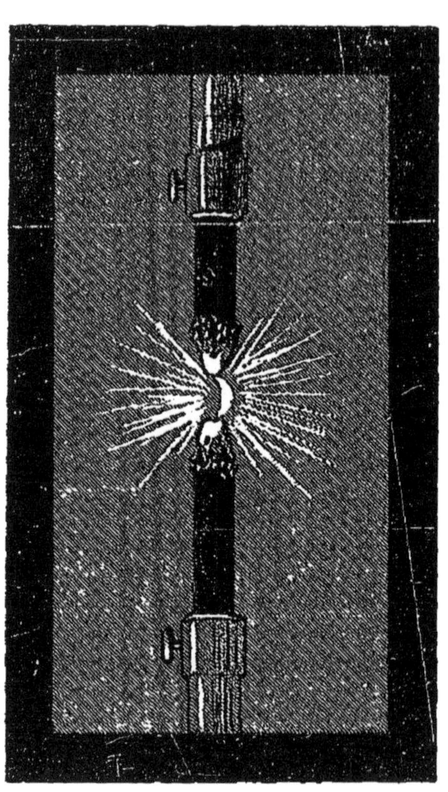

Le quatrième stade : état *vibratoire de l'ether*. — Arc électrique.

qu'en empruntant à la Nature ses puissances. Sa supériorité, souvent on l'a dit, se base justement sur une infériorité. Les animaux n'ont pas besoin de feu : leurs pelages et leurs plumages les préservent ; leurs yeux percent souvent les ténèbres, ils brillent même dans les ténèbres ; enfin la chair dont ils font leur proie n'a que faire de la cuisson, étant vive, arrosée de sang chaud...

LA CUISINE, ART DU FEU

... Tandis que le gibier tombe aux mains du chasseur, refroidi. L'homme d'ailleurs éprouve une égale répugnance pour la chair vivante et pour la chair morte. Il faut que la flamme purifie ce qu'il y a de putrescible et de malsain dans ces viandes, qu'elle déguise leur aspect sanglant, criminel presque, qu'elle corrige leur fadeur moite et concentre pour notre goût leur arome.

Et voici que les besoins physiques de l'homme se rehaussent d'instincts psychiques, — comme ses aliments se rehaussent du sel et du feu. Cette flamme qui ramollit, pour son goût, les légumes et raffermit la venaison, réunit autour de sa chaleur, de sa clarté, de son vif pétillement, des causeries ou des songeries, des passions nobles ou brutales, des regrets, des désirs, toute la vie morale de l'homme.

Aussi l'acte de manger, chez cet être, n'est-il point si vil qu'on ne puisse en évoquer le tableau dans une vieille saga dramatique, dans un poème idéaliste moderne, en la peinture, en l'opéra. Le repas n'est-il pas transfiguré, chez nous, par la *Cène?* Et même, au fait, en le troupeau qui paît, silencieux, dans un pré, dans le lion qui fait craquer sous ses dents les os d'une gazelle, ou dans la colombe qui boit, perchée sur le bord d'une vasque, il y a de la grandeur — ou de la grâce; il y a de la poésie déjà.

Le mot de *cuisine*, à tout prendre, rachète sa vulgarité par la suggestive découverte des *Kiôkkenmoddinger*. En effet, ces débris banals nous signalent l'existence, en ce lointain du temps, d'hommes,
nos semblables, et tout grandit dans ce recul pro-

« Et d'ailleurs la cuisine est un art du feu... »

fond du passé : ces traces de feux culinaires sont
épiques, sont héroïques ; ceux qui soutenaient ainsi
leur rude existence ne sont plus, ils ont cessé
d'être, oh ! bien longtemps d'ici, bien peu de
temps après avoir été vifs et vaillants convives...
Est-ce que la poésie s'arrêterait à l'éphémère de

nos vitres qui suce, pour une heure ou deux, la
buée du verre diaphane !

Et d'ailleurs la *Cuisine* est un *Art du Feu* ; c'est
une science aussi, c'est une chimie, — chimie tout
empirique, mais transcendante, qui dépasse toute
expérience de laboratoire et décompose les sucs,
combine les aromes, de manière à flatter le goût en
ranimant le feu de la vie. Cette combustion cachée qu'est la vie serait-elle si mince chose ? Or,
songez qu'elle a son principe en cette belle flamme
claire, apparente, qui flambe au cœur de l'âtre ;
et la haute cheminée de nos ancêtres du Moyen
Age, avec son foyer large où l'on s'asseyait, son
manteau s'ouvrant haut en lanterne d'église, sa
frise monumentale, la reluisante ferronnerie des
landiers, des chenets, de la crémaillère, — ce
foyer si noble d'allures témoigne que la fonction
la plus utilitaire est susceptible de beauté ; que
nous seuls l'avons avilie par la laideur étriquée
du confort moderne, souvent si peu *réconfortant*
et si mal commode.

DE LA CUISINE A LA CHIMIE — LA THERMOCHIMIE

Le *feu-foyer*, ainsi l'appelé-je, ne borne point
ses services à nous alimenter, à nous réchauffer.
Je viens de dire que la cuisine est une chimie ; ce
n'est, à parler strictement, qu'une partie pratique
de la *Chimie*, sa partie la plus intéressée, la moins
idéale. Or la chimie tout entière, ou peu s'en faut,
est fondée sur cet élément, le *Feu* : le portrait du
chimiste contemporain le montre, à l'instar de
son prédécesseur, l'alchimiste, insufflant l'air

Cheminée monumentale du château de Bonnétable (Sarthe).
(Style Renaissance.)

dans ses fourneaux, nourrissant la flamme de ses
creusets ; seulement, ce n'est plus ici pour un but
chimérique, c'est pour une fin précise, et moins
pour l'ambition de gagner que pour la joie de
découvrir.

La science des décompositions et recomposi-
tions moléculaires est si bien liée au *feu*, à la
« chaleur », que pour la désigner sous son aspect
vivant, dynamique, on a fondé l'expression de
thermochimie. C'est là un de ces mots lumineux
qui compensent le ténébreux pédantisme de tant
d'autres : il traduit l'essence même de l'art des
Berzélius, des Dumas; il met en évidence le ressort qui meut toute synthèse et toute analyse. En
effet, *chimie de la chaleur*, cela signifie qu'on
possède, en le thermomètre, un étalon de mesure
pour les réactions. Le degré de température alors
dégagée — ou bien absorbée par le composé qui se
forme — révèle le degré d'énergie des rencontres
moléculaires et, par suite, le degré des *affinités*.
Nous prenons une idée précise de la tendance de
deux corps à s'unir, par l'échauffement qu'ils com-
muniquent au milieu ; nous mesurons à cet
échauffement leur étreinte. Beaucoup d'attraction
donne beaucoup de chaleur; l'effet de peu d'attraction, c'est tiédeur; enfin, par un renversement
attendu, l'attraction faible, et qu'on doit forcer,
engendre du *froid*.

Ne retrouvez-vous pas ici la nomenclature des
états d'âme ? C'est qu'il existe une sorte de *thermodynamique morale* : le développement d'énergie morale, comme celui d'énergie physique, a
pour ainsi dire son équivalent calorique. Le lan-

gage mesure l'intensité d'une affection à la *chaleur* du geste, de la voix : on dit qu'un accueil est *tiède* ou *glacé;* le feu des prunelles trahit au dehors l'ardeur des passions, et la sympathie; un regard froid accuse un mouvement de répulsion intérieure. Tout cela n'est-il que pure métaphore? Et ne faut-il pas croire, plutôt, que tous les organismes matériels — même ceux au service de l'âme — obéissent aux mêmes lois dynamiques?

Ce que nous appelons *chaleur*, en définitive, ce qui se traduit à nos sens par une impression de « chaleur », on sait que c'est un mouvement vibratoire, imperceptible sous toute autre forme ; il anime plus ou moins tous les corps, il se propage et se transmet. Tout choc, si peu considérable qu'il soit, le provoque comme un écho; c'est un contre-coup. Or une combinaison chimique est le choc de deux molécules ou de deux atomes ; il en sortira donc cette espèce d'ondulation ténue qu'on nomme calorique.

Alors pourquoi, direz-vous, telles combinaisons qu'on connaît produisent, non de la chaleur, mais du *froid?* Celle de l'*iode* et de l'*azote*, par exemple? La Science ici répond, en son langage, que les corps doués de la plus grande *affinité* l'un pour l'autre *dégagent*, en s'unissant, de la chaleur, et que ceux doués, au contraire, de la plus faible affinité, font l'inverse : ils *absorbent* du calorique.

... *Dégager, absorber*, voilà des termes qui ne disent rien de concret à l'esprit ; de même, ce mot d'*affinité* reste bien vague : ce langage prétendu scientifique est encore trop entaché de métaphorisme, à mon gré. Traduisons-le résolument dans la langue vibratoire, puisque nous savons que la chaleur est un mouvement vibratoire.

D'après les travaux précis de Van t'Hoff, on peut admettre que deux atomes matériels en présence vibrent chacun avec une amplitude propre, et que chacun exécute, en un temps donné, tel nombre défini d'oscillations (1). Or, de deux choses l'une : ou les deux *périodes* antagonistes sont « synchrones », ou elles sont dyschrones. Autrement dit, leurs phases coïncident ou ne coïncident pas. Quand ce phénomène a lieu sur le domaine de l'*Acoustique*, il y a « résonance » du corps ébranlé, dans la première alternative ; il se produit, dans la seconde alternative, un silence. Au domaine de l'Optique, le premier cas provoque un rayonnement lumineux ; du second naît une ombre plus ou moins forte (interférence). Eh bien, si l'on admet que les atomes, libérés par dissociation chimique, vibrent et font vibrer l'éther autour d'eux, la coïncidence ou la non-coïncidence de leurs phases entraînera soit l'*ébranlement*, soit le *repos* plus ou moins relatif du fluide éthéral. L'ébranlement se propageant jusqu'à vous par *ondes*, c'est la *chaleur* ;

(1) Il est permis d'assimiler ce mouvement moléculaire infinitésimal au mouvement grandiose des astres, et de se figurer les atomes tournant rapidement sur eux-mêmes, et moins vite autour d'autres atomes jouant le rôle de centres d'attraction. En ce cas, chaque unité chimique, comme chaque unité céleste, serait douée d'un mouvement de rotation sur elle-même et d'un mouvement de translation autour de son centre attractif. Ce que j'appelle l'oscillation d'un atome serait son mouvement de rotation.

le repos du milieu qui s'interpose entre la source et vous, c'est le *froid*. Alors tout s'explique et se simplifie : de même qu'un diapason, sollicité par toutes les émissions sonores d'un piano, ne s'ébranle qu'à la *seule note* que lui-même peut émettre, de même encore qu'un « résonnateur » parle, et répond exclusivement au son exactement harmonique avec lui, dans un timbre, et demeure muet pour tous ceux qui ne sont point d'accord avec sa période, — ainsi l'oscillation d'un atome ne se transmet efficacement qu'à l'atome capable d'une oscillation analogue. Cette capacité vibratoire des atomes pour tel ou tel degré d'ébranlement, ce pouvoir *sélecteur* des mouvements synchrones, c'est ici, dans le domaine chimique, l'AFFINITÉ. *Sonore*, il fonderait le bruit ou le silence ; *lumineux*, le clair ou l'obscur ; moléculaire, il entraîne un « dégagement » ou bien une « absorption » de chaleur.

La *thermochimie* peut devenir, à ce compte, une science harmonique, et dans les actes du *Feu*, libre ou conduit par l'homme, il vous est permis de prévoir tout un système de gammes et d'accords quasi musicaux. L'*onde calorifique*, ayant déjà ses longueurs de phases, ses amplitudes, et tous ses coefficients calculables, offre cet avantage, par surcroît, qu'elle sert de mesure aux actes chimiques. Ceux-ci présumés, à leur tour, de nature vibratoire, partant harmonique, nous serons moins surpris des miracles industriels accomplis par le *Feu*.

Si ce dernier n'était que la force sauvage et désordonnée qui se tord sous nos yeux dans la flamme, est-ce qu'il en surgirait ces gemmes, ces cristaux d'une architecture si régulière, ces métaux fondus d'une texture si homogène, si résistante, ce verre qui, comme eux, vibre d'un son si musical, cette faïence émaillée dont le reflet est une musique pour les yeux? — Tout à l'heure, dans l'*Éclairage* et l'*Artillerie,* dans les feux-lumières, les feux-éclats, cette notion des harmonies chimiques et moléculaires vous fera mieux saisir la précision, la sûreté, l'ordre mathématique des résultats obtenus.

INDUSTRIES ET ARTS DU FEU

LES MÉTAUX

Mais toutes ces qualités, qui marquent l'*Industrie,* l'*Art* contemporains, sont l'œuvre lente et laborieuse des siècles. L'empirisme a toujours, ici, précédé le calcul; la pratique, en tous les métiers, marche devant la théorie. Nous avons, de cela, mieux que des preuves historiques: car si, grâce aux fossiles, on peut suivre l'évolution des êtres, celle de nos industries humaines est aussi bien reconstituée par les *armes,* les *outils,* les *bijoux,* ces fossiles artificiels. Les premiers documents, extraits des terrains quaternaires, sont les fameuses *haches en silex,* où les anciens voyaient des « pierres de foudre », et nos aïeux du Moyen Age, des « jeux de la Nature ». Encore de nos jours, ces objets témoins trouvent beaucoup d'incrédules. On sait tous les efforts qu'a dû faire Boucher de Perthes pour imposer sa foi, devenue depuis certitude. Il a fallu que des fouilles, pratiquées en tous les pays du monde, fissent découvrir une quantité de haches semblables. Alors l'évidence fut telle, qu'on inscrivit, en tête du premier feuillet de l'Histoire, un *âge de pierre*... Ce fut le début de ce qu'on appelle aujourd'hui, couramment, le *préhistorique*. Et bientôt on eut assez de documents sous la main pour faire, en cette époque reculée, des subdivisions : on distingua l'âge de la *pierre éclatée au feu* (que l'abbé Bourgeois fait remonter aux terrains tertiaires), puis l'âge de la *pierre taillée*, celui de la *pierre polie*. Le FEU, qui seul nous occupe ici, servit donc tout d'abord à façonner les durs quartiers de roche; il en détachait des éclats qui laissaient ensuite, sur le silex, des cavités larges et peu profondes, séparées par de tranchantes arêtes. Plus tard, aux traces de feu, dans ces dépôts « sécurifères », se substituèrent des débris d'enclumes, de marteaux, de percuteurs; tels ceux dont se sert aujourd'hui le Californien pour la taille de ses belles haches en verre de volcan. Alors vint un âge nouveau, l'*âge de bronze :* les armes, les outils, désormais métalliques, révèlent un emploi plus savant du feu. Sans doute que, parmi les pierres éprouvées à la flamme, il s'en trouva de riches en minerai, les unes de cuivre, les autres d'étain. L'expérience enseigna quelque jour à ces primitifs, que toutes deux, fondues ensemble, fournissaient un fort bon alliage. Ce fut un progrès considérable, et vraisemblablement une joie singulière pour l'homme d'*Eschallens* qui, tirant du foyer, déjà, l'aliment et le réconfort, recevait encore de sa flamme l'outil pour construire sa hutte et l'arme pour la pourvoir de gibier — ou la défendre.

Il ne faut pas se le figurer, d'ailleurs, cet homme primitif, exclusivement penché sur la tâche pressante, utilitariste endurci. Des plus anciennes couches d'où s'exhument des crânes humains, on a tiré bien plus qu'une arme ou qu'un outil, ou même qu'un joyau : ce dessin fruste de *mammouth* gravé sur une plaque en os — d'os de mammouth, peut-être, et gravé d'une main d'enfant consciencieuse et qui montrerait de grandes « dispositions »... Plus haut, dans les cavernes obturées de limon, avec les haches, les fers de lance, les faucilles, on mit au jour des anneaux, des peignes, des épingles à cheveux...

Ainsi la *Joaillerie* et la *Métallurgie*, ces deux sexes de l'industrie minière, en quelque sorte, eurent un même berceau (1).

L'âge du *fer* fut un moindre progrès sur l'âge du bronze que celui-ci n'avait été par rapport à l'âge de pierre. Et d'ailleurs on peut douter que le fer et le bronze aient été partout les premiers métaux employés, lorsqu'on trouve en les antiques sépultures américaines des objets de parure en cuivre, en or argentifère. Le progrès n'est donc pas seule fonction du temps, — mais du *lieu*.

1. C'est une loi d'évolution, que les germes, différents d'avenir et de portée future, naissent à peu près tous en même temps. Ainsi les feuilles dans le bourgeon végétal.

LE VERRE

Cet autre produit de la flamme, le verre, a dû
sans doute sa découverte au hasard, et cette découverte fut un épisode probable de la phase métallurgique. Il est impossible que les premiers
fondeurs n'aient pas remarqué les vitrifications
du sable quartzeux, gangue du précieux minerai,
dans leurs fours. Et d'ailleurs cette lave si plastique, qu'ils taillaient en haches, l'*obsidienne*,
était un verre naturel véritable, le *verre de volcan*. De la sorte, l'art du verrier sortit d'un tron-
çon de l'art métallurgique, comme d'une bou-
ture.

Mais il est sûr que le premier qui se fit un collier
de ces gemmes non cristallines, ne soupçonnait
guère à quelle prodigieuse fonction se hausserait
la pâte diaphane; et pouvait-il songer, ce sauvage,
joyeux, tel un enfant, de voir scintiller ces perles
factices au soleil, qu'un jour lointain, plus finement taillées, elles nous feraient plonger dans le
soleil ?

Le destin du verre est curieux, car, issu d'un
foyer terrestre, le voici qui dresse vers l'immense
foyer céleste un œil impassible; et le sable fondu
par le feu se laisse traverser par le feu d'un rayon
qui fait éclater la poudre, tout près. Nous autres
qui vivons du verre, et sous le verre, est-ce que
nous apprécions suffisamment ses bienfaits ?
Jouissons-nous, avec l'ardeur du « naturel » pour
ses verroteries, de ce beau mur diaphane, qu'on
ne voit pas — et qui fait voir si clairement ?

Déjà la vitre est belle, blanche et nue. Mais le *vitrail* est magnifique : page toujours ouverte d'un missel géant, qui se lit devant la lumière et n'a d'ombre que la couleur; charte indéchirable, aux enluminures transparentes, et déroulée d'aplomb sur les baies. Pour cloîtrer la nef aux vierges blancheurs, il s'ensanglante de vermillon, se lave d'outremer comme d'une vague méditer·ranéenne ; le chrome le dore de ses métalliques gaîtés, le mauve l'apaise de ces teintes où fonce la montagne au couchant; et chaque éclat de cette vitre noble chante son thème en la symphonie mosaïque. Le feu n'a pas seulement dressé la feuille verrière... il en a fondu les teintes non pareilles ; il a cristallisé, pour ainsi dire, la conception plastique du peintre, et réalise une image à la fois chaude et glaciaire.

LA CÉRAMIQUE

Paradoxe naturel et profond : le Feu, qui fait couler en rivière brûlante le minerai métallique et le sable quartzeux, si rigides, affermit la glaise chancelante, au point de la rendre réfractaire même au feu. La terre se cuit, comme le pain, dans un four, et cuite, elle sert à construire un four, elle-même... Mais la Nature, en définitive, ne change pas ici de méthode : son calorique écarte partout les atomes; c'est un coin subtil qui s'insinue, qui fend la matière de toutes parts. Seulement, écartant les molécules argileuses, il fait évaporer ici l'eau contenue dans les pores, et desséchant la terre plastique, il la durcit (1)... A ce propos, une idée me vient : qu'il serait opportun d'inspirer aux esprits modernes, si férus d'artificielles préoccupations, la passion de ces phénomènes si simples ! Moins de parallèles littéraires, et plus de rapprochements naturels, cela vaudrait mieux. Il faudrait que le voyageur s'accoutumât à relier, au dedans de lui, comme ils sont reliés au dehors, la *terre glaise* où ses pas s'enfoncent — et les toits de tuile qu'il aperçoit groupés, sur le même sol, en village.

Ainsi les couvertures d'ardoise indiquent la proximité des schistes, — le chaume des chaumières, l'abondance des graminées ; les menus objets qui meublent l'intérieur des habitations sont comme des fossiles caractéristiques : ils annoncent, par leur structure, le type dominant du terrain : si l'uniformité soi-disant civilisatrice ne passait, hélas ! son niveau sur tout, on aurait les régions artistiques du *grès*, celles de la faïence ou de la porcelaine, celles de la *lave* ou du *gypse*, bien tranchées. On ne montrerait pas les « produits du pays » en curiosités, pour surprendre, mais comme des harmonies nécessaires, et satisfaisant la logique. Ainsi les chalets de Suisse ou de Norvège, en planches de pin, sont d'accord avec les forêts de pin qui les cernent; les tentes d'Esquimaux, en peaux de bêtes marines, avec l'aspect des faunes environnantes ; le calcaire des maisons parisiennes prolonge celui des assises sur lesquelles se dresse Paris; le

1. Outre le *retrait*, il se produit un commencement de *fusion*, d'où résulte un *tassement* des particules argileuses.

tuf volcanique d'Auvergne se continue, sans heurt, par le tuf volcanique de ses cabanes; enfin l'argile crue des terres rouennaises a pour couronnement rationnel l'argile cuite au feu de leurs murs de briques.

Le Feu prête d'ailleurs aux ouvrages qu'il édifie, son cachet, — qui dès lors, par une loi d'harmonieuse réciprocité, convient au feu : les parois briquetées d'une cheminée d'usine ont la physionomie sèche, réfractaire, la tenue simpliste et robuste en concordance avec son adaptation « volcanique ». Voilà pourquoi telle fabrique installée dans un site pittoresque, sans brutalité, ne gâte point ce site, forcément : les reflets de forge, en éclairs, entrevus par les baies vitrées, les traces rougeâtres de flamme léchant les murs cuits par la flamme, les grands halls de fer qui couvrent les épaules et les bras de fer des machines, même le panache de fumée qui se tord à la cime des pylones, la sonorité des métaux martelés en mesure, les montagnes de diamant noir, les noirs visages où s'allume le feu des prunelles, les senteurs d'empyreume et de soufre, — tout cela ne peut être laid, mais très grand et très harmonieux, au contraire, puisque c'est une *orchestration parfaite du Feu*.

FEU-LUMIÈRE

LE PHARE

De même que le *Feu-foyer*, sous toutes ses formes, le *Feu-lumière* est beau par sa seule fonc-

tion, et plus manifestement encore. Il suffit
d'évoquer le *phare* projetant son œil fixe ou tournant sur la nuit des nappes liquides. Statue tout
impersonnelle drapée d'un pan granitique ou calcaire, sans un pli, pour ne pas donner prise à la
mer, toujours dressée, fouettée de lames qui la
lavent, impassible, oscillant parfois aux grands
souffles, elle porte en sa tête la flamme qui doit
guider les navires..... auprès d'elle ? — Non pas,
car le piédestal de cette statue, c'est le naufrage
pour eux, c'est la mort; mais loin d'elle, au contraire : le feu du phare est un aimant qui n'attire
que les oiseaux affolés, et repousse les ailes sages
des navires... Entrez dans cette tour austère et
comme vierge : montez par le long escalier spiral
jusqu'au balcon qui noue sa gorge à la manière
d'un collier. De la plate-forme circulaire, vous
embrassez le cercle d'horizon. Alors, étourdi d'espace et du bruit des flots, vous vous retournez vers
la lampe : elle est emprisonnée, lampyre géant,
dans une cage en verre admirable. Ce verre, dont
nous disions tout à l'heure les origines et les
fonctions principales, il a plus ici qu'une fonction : c'est un poste d'honneur qu'on lui donne.
Aussi lui trouvons-nous une splendeur morale
qui se reflète, il semble, sur la netteté, la perfection optique de son cristal. C'est un œil créé par
Fresnel, avec génie; œil au cristallin merveilleux de complexité, activement anatomique. Ces
échelons superposés en mitre papale, Fresnel les
a taillés ainsi pour corriger l'aberration de sphé-
ricité des lentilles; chacune de ces couronnes de
cristal renvoie le rayon du foyer central, qui l'at-

teint à 20 centimètres, sur des lointains de plus de 20 lieues... Si le phare est alternatif, les anneaux de verre sont interrompus par six pans coupés et remplacés là par des lentilles, également fragmentées, formant échelons. Ce système de verre articulé translucide accomplit sa révolution autour de l'astre central, en un temps donné : toutes les nuits, et d'années en années, sans autre interruption que le jour solaire, les faces de l'hexaèdre en cristal viendront successivement placer leur centre en face du foyer lumineux; chacun de ces passages allume, pour le navire au large, un *éclat.* Les éclats sont séparés ou non par des *éclipses*; ils se suivent à courte ou longue période; ils sont incolores ou colorés. Grâce à la variation méthodique de ces caractères, le long des côtes, un alphabet lumineux est créé : sous le voile noir des nuits sans lune, sans étoiles, ou le linceul blanc des brumes de jour, le navire aperçoit ces feux, et s'oriente.

Quel drame et quel poème pourraient donc égaler cette petite lampe allumée par un ingénieur? Au marin doutant de sa route, elle jette, en style de lumière, des formules douces ou terribles : Eddystone, les Héaux de Bréat, le cap de la Hève, les jetées du Havre, Guernesey, la pointe du Raz... Et de son trait de feu laconique le phare a tout dit, — tout ce qu'il faut savoir, ce qu'il doit craindre et ce qu'il lui est permis d'espérer...

... Et certains soirs d'été, le ciel et la mer étant calmes, elle s'offre, la côte de France, comme un

Le phare, « statue tout impersonnelle..., dressée, fouettée de lames,... impassible »

long buisson noir, bordant la grand'route liquide et semée, de distance en distance, de ces
vers luisants, les *fanaux*.

FEUX-ÉCLATS

L'ARTILLERIE

Dans la Nature, le *Feu-foyer* et le *Feu-lumière*
sont bienfaisants : tous deux sont concentrés
dans un même astre, le Soleil, dont les rayons
nous chauffent et nous éclairent à la fois. Or tandis que nous n'avons rien à redouter de ce globe
immense et brûlant, si loin il est reculé dans l'espace, le péril naît de ces flammes si faibles, en
comparaison, mais toutes proches de nous, et que
nous allumons de nos mains... Il est vrai que le
Feu, dans la Nature même, a son aspect hostile :
il devient *Feu-éclat* dans les bolides, en les
éruptions volcaniques; mais combien peu d'êtres
périssent sous l'innocente lapidation des aéroli-
thes! Et pour les volcans, que le chiffre de ses
victimes est donc au-dessous des hécatombes de
la *guerre!*

C'est donc l'homme qui, pour l'homme, est le
plus grand danger. Tous les matériaux que la
terre peut lui fournir, il finit toujours par les
tourner contre soi, — contre son semblable. A
peine a-t-il trouvé le secret de forger des outils,
qu'il se met à forger des armes. Ces armes, il les
dirige d'abord contre les animaux; puis, d'autres
lui disputant le gibier, le terrain de chasse, il
apprend à les diriger contre ceux de sa race et

de son espèce. L'*épée* représente le passage de la chasse bestiale à la chasse humaine, à la guerre. Chose étonnante : l'*épieu*, qui ne tue que des fauves, est arme de vilain ; l'*épée*, qui tue les hommes, est arme noble.

Mais le *Feu* n'a servi qu'à forger le glaive, ou la lance. Voici qu'il va désormais agir directement, par lui-même. Combattre de près (*cominus*) est brave, mais trop simple ; combattre de loin, c'est un progrès. Les peuples anciens de l'Asie, Chinois et Hindous, découvrirent le *feu grégeois*, dont le nom signifie, sans doute, qu'il nous fut transmis par les Grecs. Il était lancé dans un tonneau par des machines compliquées, frondes ou catapultes, dont les images nous font sourire... En effet, nous autres modernes, avons trouvé mieux que cela : la *poudre à canon*, dont Roger Bacon n'est pas l'inventeur (1), et qui fut d'ailleurs le dernier terme de longs tâtonnements, marque la naissance, ou, si l'on veut, la renaissance de *l'Artillerie*. Ce terme, qui désignait jadis tous engins balistiques, et le matériel de guerre tout entier, se restreint, dès ce jour, aux seuls tubes de fer montés sur affûts et pouvant lancer, avec explosion, des projectiles à distance.

Nous ne pouvons songer à faire ici la technique de l'Artillerie, mais il peut être intéressant d'en esquisser la *philosophie, l'esthétique*. — Au point de vue *chimique*, d'abord, un corps explosif est, en quelque sorte, un « irrégulier », — un *anarchiste*,

____

1. V: Louis Figuier, *Merveilles de la Science*, t. III; p. 212.

allais-je dire... Tandis que la plupart des substances connues dégagent de la chaleur en se combinant et qu'elles en absorbent, au contraire, en se décomposant, la *nitroglycérine*, le *coton-poudre*, l'*acide picrique*, qui forment respective-ment la base de la dynamite, de la poudre sans fumée, de la mélinite, se comportent exactement à l'inverse. La décomposition de ces corps s'opère avec dégagement de chaleur; elle est de plus ins-tantanée. De là leur efficacité, mais aussi leur fécondité terrible en catastrophes.... Les gaz, brusquement libérés à de hautes températures, acquièrent une force d'expansion prodigieuse; emprisonnés qu'ils sont dans le canal d'une bou-che à feu, la charge leur est l'obstacle le plus facile à vaincre : un boulet, c'est un obturateur hermétique, mais propulsible; l'explosion gazeuse a vite fait de le chasser hors de l'*âme*, puisque c'est ainsi qu'on appelle le vide aveugle du canon. Alors, le projectile en liberté fend l'espace; il vole, en sifflant, sinistre oiseau de fer, et si c'est l'*obus*, un raffinement de science homicide lui fait emporter, dans sa course, le germe d'une seconde explosion. On les a vues, ces boîtes infernales, hideuses, pleuvoir çà et là, dans notre Paris; cette grêle horizontale, ou longuement parabolique, elle venait d'un orage lointain, — orage d'artil-lerie dont l'éclair brillait et le tonnerre gron-dait sur les collines de Meudon, et qui dura un mois, quand l'orage de la Nature dure une heure.

Etrange et mystérieux phénomène, quand on y songe, que ce météore savant, ce bolide fruit d'un

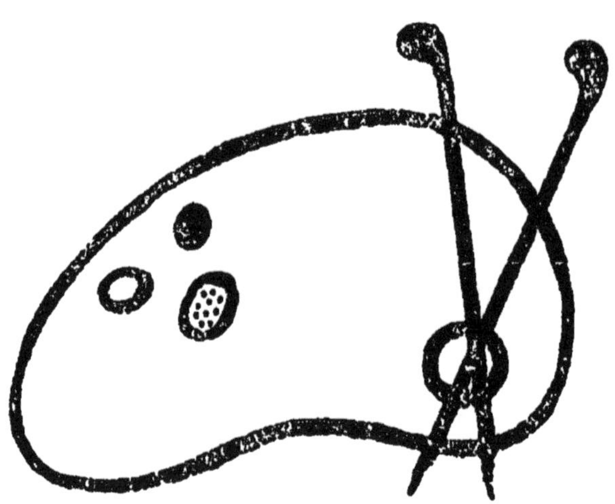

Original en couleur

NF Z 43-12B-8

Les sculptures de la Mer. Percée de la Pointe de Gador, Anse de Morgat (Bretagne).
(Cliché Neurdein frères).

calcul dont quelques hommes froids et posés, à
l'abri derrière un rempart, dirigent l'essor, à travers des lieues... Et l'astre meurtrier décrit sa
trajectoire en l'espace, planant, un instant d'ef-
froi, sur les assiégés, puis éclatant au contact
d'un clocher d'église, d'un hôpital, — crevant un
toit, tuant des mourants, peut-être, dans leur
lit, couvrant une place populeuse, où l'on fait
queue pour chercher du pain, d'une pluie de
fer..., tandis que, l'œil à leurs lunettes, comme
des astronomes, eux — *l'ennemi* — surveillent
le coucher sanglant de leur astre...

Je finis sur ce dernier usage du *Feu* : toujours
utile et bienfaisant dans la Nature, même dans
ses éclats, c'est lui qui forme le noyau des planètes, et dont les remous souterrains règlent le
relief où la vie doit se distribuer plus tard; de
sorte que notre histoire humaine et sociale se
rattache à l'histoire géologique, même astronomique de la Terre. Il semble toutefois que l'in-
tervention de l'Homme rompe la chaîne des faits
logiques : ce nouveau venu commence par user
des éléments, puis il en abuse. Une fois maître du
secret, il en épuise la fécondité, tourne alors
l'instrument sauveur à sa propre perte : le *feu-
lumière*, entre ses mains, s'épure et multiplie
chaque jour sa puissance; c'est d'abord la *torche*, flamme des corps visqueux, puis la *lampe*,
flamme des corps fluides, ensuite le *bec de gaz*,
flamme des corps vaporeux, enfin l'arc électri-

que (1), où la matière, désormais, ne se consume pas, mais rayonne. Le Feu-foyer aussi se perfectionne ; il devient, d'*âtre,* cheminée, puis — au détriment de la beauté, cette fois — poêle, calorifère. Le fourneau primitif s'agrandit, devient le colossal « haut fourneau »... Jusqu'ici, l'Art n'est qu'un bienfait, mais presque aussitôt, dès ses débuts, il devient, dans le *Feu-éclat,* meurtrier. Même ce mélange diabolique, à la fois nitreux, sulfureux, charbonneux, la poudre à canon, servit *d'abord* à tuer des hommes, et *plus tard* à percer des tunnels.

Peut-être, après tout, ces excès du Feu dans nos mains ont-ils « leur raison suffisante » et faut-il contempler l'éclair de tant de canonnades historiques, écouter leur tonnerre lointain, — comme un orage, ou comme ces éruptions de laves incandescentes auxquelles nous devons l'assiette de notre écorce?... Alors ces secousses de l'histoire ne pourraient plus nous irriter, parce qu'elles auraient *fait* l'histoire.

1. Nous entendons par le mot d'*arc électrique* le fil du charbon recourbé sur lui-même en arc, des lampes Edison, ou à incandescence, — et non point ce qu'on nomme « l'arc voltaïque », où s'opère une véritable combustion.

L'EAU

SON HISTOIRE SCIENTIFIQUE ET ESTHÉTIQUE

A quel moment de l'histoire l'*Eau* — comme le Feu, comme tous les prétendus éléments — cessa-t-elle de se voiler sous des symboles, et s'offrit-elle toute nue à la curiosité scientifique ? — De très bonne heure, si l'on consulte les annales des plus anciens peuples. Au milieu de la foule crédule, indifférente au savoir exact, il s'est trouvé partout des esprits qui, sans répudier les causes premières, éloignées, se préoccupaient de scruter les causes immédiates, prochaines. Fermement convaincus d'un seul Dieu, plutôt architecte qu'ouvrier, l'Univers leur apparut comme une œuvre exécutée sur un plan divin par les forces de la nature. Ils ne virent plus alors dans le phénomène de l'Eau l'emblème d'un Neptune ou d'une Amphitrite, mais l'*Eau* même, c'est-à-dire une substance soumise à des lois, possédant telle ou telle propriété.

Or le chemin, de ce côté, était long ; et tandis que l'*Art* atteignait très vite un degré de perfection jamais surpassé (1), la Science se traînait,

1. Nous n'avons en vue, disant cela, que la *Sculpture*, car nous pensons que l'Architecture du moyen âge fut un progrès immense sur le passé, progrès d'ailleurs scientifique, à certains égards.

péniblement, à travers les siècles, se dégageant avec lenteur des préjugés, des généralités vagues, sans contrôle.

Il faut arriver jusqu'au XVIᵉ siècle de notre ère pour trouver des résultats dignes d'être notés. Si le mot de *Renaissance* est souvent discutable en fait d'Art, il est d'une exactitude absolue lorsqu'il s'agit de Science. Certes, avec des hommes tels que Roger Bacon, Galilée, Bernard de Palissy, Paracelse, on peut dire justement que la Science renaît. Il fallut toutefois deux siècles pour que l'*Eau*, dont nous nous occupons, fût connue dans sa constitution chimique, en ses changements d'état, sa circulation universelle. Encore, faut-il l'avouer, la connaissance que nous, modernes, en avons, laisse des lacunes. Au moins possédons-nous, sur les Anciens, cette supériorité de mesurer nous-mêmes les limites de notre savoir, — de connaître notre ignorance. Les plus savants insistent aujourd'hui sur cette idée, qu'on n'a pas tout fait quand on a divisé les êtres et les forces de la Nature et qu'on leur a donné des noms. — Heureusement, vous verrez, au sujet de l'*Eau* comme du reste, qu'on a souvent été fort au delà.

COMPOSITION ET STRUCTURE DE L'EAU

SES TROIS ÉTATS

Le premier document recueilli sur l'*Eau* fut l'unité d'espèce en la pluralité des formes. Dès les temps les plus reculés, sans doute, on observa que la même masse liquide se prenait en

glace par le froid et se répandait en vapeurs à
haute température. Le rôle universel et pour ainsi
dire banal d'un élément qu'on rencontre partout

L'Eau, de F. Albani (Musée Révell).

et qui sert à tous les usages, empêcha qu'on ne prît
l'*eau liquide*, la *vapeur aqueuse* et la *glace* pour
trois corps distincts. Par contre, aucune observation journalière ne pouvait détromper nos pères

sur l'apparente homogénéité de ce corps, solide,
liquide ou gazeux. Aussi le prit-on pour un corps
simple, jusqu'au jour où Lavoisier, par une expérience célèbre, le montra composé de deux gaz :
l'un combustible, l'*hydrogène* (celui qui fait flamber les feux follets); — l'autre *comburant*, ne brûlant pas, mais faisant brûler : l'*oxygène*. Vais-je
vous rappeler par quelle méthode on peut aujour-
d'hui décomposer et recomposer l'eau à son gré ?
C'est une de ces notions qu'on trouve dans tous
les livres. J'aime mieux porter votre attention sur
la loi d'harmonie presque musicale qui, pour
réaliser l'eau, dans la Nature, associe l'oxygène
et l'hydrogène en la proportion constante de
1 à 2 (1).

J'ai parlé d'harmonie musicale : ne croyez pas
que je me livre à la fantaisie. Le rapport de 1 à 2,
dans le nombre des vibrations, crée, pour notre
oreille, l'intervalle d'octave : or la saveur de
l'octave, comme intervalle ou comme timbre, est
celle de l'Eau pure : c'est, comme l'Eau, quelque
chose de fondamental et d'inexpressif à la fois,
un substratum indispensable, et qui ne vaut guère
par lui-même. Il n'est nullement arbitraire d'ailleurs de comparer les composés chimiques à des
timbres, car les propriétés à part du *chlore* et du
sodium sont fondues dans le Sel marin, absolument comme les sons partiels de quinte et de sep-
tième dans le son d'une note de cor. En synthèse
chimique, aussi bien qu'en instrumentation musicale, le composé n'a plus les qualités manifestes

----

1. *En volumes* (de 8 à 1 en poids).

des composants; il en découvre de nouvelles et souvent de très différentes.

Ainsi ce gaz baptisé du nom d'*hydrogène*, parce qu'il engendre l'Eau, justement : il est reconnu combustible, c'est-à-dire que sa capacité vibratoire spéciale le fait résonner au choc d'un rayon de chaleur; il vibre alors de ce mouvement subtil que notre vue nomme *lumière*..... Croirait-on, si l'on n'en était assuré, que, faisant corps avec un autre gaz tout différent, l'*oxygène*, il donne cette substance inattendue, nommée l'*Eau ?*

Il existe déjà, par conséquent, dans la texture intime de l'Eau, une figure harmonique, un rythme, une symétrie. Nous reverrons ces traits à plus grande échelle dans le bloc de glace cristallisé, dans la vague.

En attendant, grâce aux hardis travaux de Van t'Hoff, il paraît légitime de rattacher ce *rythme chimique* des « proportions définies » au *rythme vibratoire* muet, encore qu'harmonique, résultant de l'oscillation des atomes. Chacun de ceux-ci représenterait un pendule infinitésimal ayant sa période d'oscillation, son amplitude, et réglé par la vibration calorifique. Tous les cas de l'affinité reviendraient à des différences de vitesse, de masse et de distance. En un mot, les dernières particules d'un corps ne seraient autre chose que des diapasons rapprochés. La Chaleur, qui dilate et vaporise, serait l'archet excitateur faisant vibrer ces diapasons de plus en plus vite, jusqu'à les écarter l'un de l'autre et rompre leur mutuelle attraction. Toute réaction chimique équivaudrait à la formation de nouvelles chaînes vibratoires, fondées sur la congruence des périodes. Ainsi s'explique, entre autres, la synthèse de l'Eau, telle que nous l'opérons dans le laboratoire. Étrange, *a priori*, presque paradoxale, cette expérience où la flamme d'hydrogène à peine allumée fait ruisseler sur le verre de l'éprouvette des gouttes liquides... Les chimistes disent que l'hydrogène, en brûlant à l'air, s'est uni à l'oxygène de cet air de manière à reconstituer l'Eau. Cette formule est encore peu précise... Moi, je dirais qu'un flot d'atomes à période vibratoire très vive, et dissociés par la chaleur (hydrogène), traverse la nappe aérienne, où les atomes d'oxygène, en simple mélange avec l'azote, sont libres d'obéir à toute attraction étrangère. L'oscillation tourbillonnaire des atomes d'hydrogène entraîne les atomes d'oxygène dans leur orbite, et la combinaison s'effectue ; il n'y a plus, dès lors, d'atomes gazeux séparés, invisibles à l'œil, mais des molécules liquides visibles.

En définitive, les phénomènes de cette « Physique moléculaire » qu'on appelle *Chimie* montrent une réelle analogie avec ceux de la « Mécanique céleste ». De l'infiniment grand à l'infiniment petit, les lois de réciprocité, de convenance harmonique doivent-elles donc changer ? Ces tourbillons à révolution périodique qui sont les mondes ne pourraient-ils avoir leur image réduite en les molécules ? Et dans le minuscule univers d'une bouffée de vapeur, d'une flamme, d'une goutte d'eau, ne doit-on pas supposer des relations de *masse* et de *vitesse*, réglant numériquement, comme là-haut, les attractions et les répulsions, les cohésions, les dissociations de parties? Oui, Pythagore avait raison : sans doute l'harmonie des sphères célestes et celle des combinaisons atomiques — pôles distants d'un Infini — doivent avoir pour équateur l'harmonie des vibrations musicales.

Le plectre qui met en branle ce système harmonique de *l'Eau*, ou la cheville qui le règle de façon à serrer ou relâcher ses fibres, à le tendre en glace solide ou le distendre en gaz, c'est la *Chaleur*, — c'est l'éther en trépidation rythmée, nous donnant la sensation de chaleur.

Cette musique muette du calorique, quand elle demeure au *medium*, maintient l'Eau sous forme liquide. Ses notes graves réalisent l'architecture cristalline de la *glace*, ses notes aiguës la font monter en colonnes mouvantes de *vapeur*. C'est la fable d'Amphion réalisée en partie.

A la surface du globe, au même instant, ces trois états de l'Eau : *gazeux, liquide* et *solide*, se réalisent. L'Eau vit à l'état de vapeur flottante en les *nuages ;* à l'état de fluide onduleux dans l'Océan, les fleuves et les lacs; enfin à l'état de bloc immobile au flanc des montagnes.

Mais cette échelle verticale des trois états, non plus que celle qui s'étend d'un horizon polaire à l'autre, ne possède une stabilité absolue. Glacier, nuage ou fleuve, chaque domaine aqueux avance ou recule, à l'occasion, ses limites. Le glacier descend, sous son propre poids, dans la plaine, il se détruit en deçà ou se régénère au delà, suivant la chaleur qu'il rencontre; le nuage fond, ou s'enfle; le fleuve déborde ou tarit (1). Et comme, en la Nature, rien ne se perd, rien ne se crée, la même quantité d'*Eau* subsiste toujours. Aussi l'étagement simultané des variétés *gazeuse*, *liquide* et *solide*, ou leur gradation, n'est-elle qu'un résultat, constamment renouvelé, d'une succession de métamorphoses, d'un *cycle*. L'origine *historique* de ce cycle fut évidemment l'état vaporeux, le *stade* initial pour notre globe ayant été l'incandescence. Puis la planète atteignant, par refroidissement, un stade compatible avec la *vie*, la température, à sa surface, se régla désormais, se distribua d'après le seul rayonnement du soleil. Alors commença le cycle moderne de l'Eau qui roule dans la Mer et, s'évaporant de son sein, s'organise en nuées dans le ciel; qui retourne ensuite en pluie, neige ou grêle, sur la terre ferme, y crée les glaciers, les lacs et les fleuves. Ces derniers, sillonnant les parties déclives du sol, parviennent tôt ou tard à l'Océan : l'Eau fait retour à son berceau ; le cycle est fermé.

Nous allons le parcourir, à présent, autant en savant qu'en artiste, n'ayant garde de séparer, dans le ciel, sur la montagne ou dans la mer, ce que Dieu même y réunit : la Science et la Beauté.

LA MER

Faites l'enquête que voici : demandez à chaque professionnel une définition de la Mer. Le marin,

1. De même, la glace organise ses cristaux aux plus grandes altitudes (nuages nommés cirrus); l'eau traverse l'atmosphère sous forme de pluie; sa vapeur enfin se traîne sur les surfaces en brouillards.

d'abord, l'*homme de mer*, vous dira que c'est « la donneuse de pain » et « la mangeuse d'hommes ». Il en vit et il en meurt. Il lui demande son aliment, elle réclame souvent son corps. — Le navigateur la désignera comme une route, plus périlleuse, il est vrai, que la route de terre, mais plus directe. — Pour l'ingénieur, c'est une force brutale, qui détruit les plus beaux ouvrages, d'art, tandis que c'est une *œuvre d'art* pour l'artiste. Si l'homme de nos temps la prend comme un tableau qu'on ne se lasse jamais d'admirer, le naturaliste pénètre, plus curieux, dans ses profondeurs ; il la nomme un réceptacle de Vie ; plus spécial, le médecin vante ses eaux salées, ses effluves, en fait un stimulant d'exis ence humaine.

Qu'est-ce pourtant, en soi, que la Mer ? Une masse d'eau, tout simplement, qui remplit les creux de l'écorce terrestre. Mais cela seul suffit à tant de fonctions différentes, car, en comblant les creux, elle fait communiquer les reliefs, — abîme qui joue le rôle d'un pont, en quelque sorte. Sa masse prodigieuse et toujours active conserve une température égale, favorisant la vie, la fécondité des êtres simples. Imprégnée des sels de la terre, elle est salubre, elle assainit tout ; ses courants accélèrent le vol des navires et transportent aussi la chaleur de l'équateur au pôle. Par son évaporation perpétuelle, elle nourrit le ciel de vapeurs ; les nuages, porteurs de pluie fertilisante, sont nés de son sein. A tous ces bienfaits, que balancent, hélas ! ses rigueurs, la Mer ajoute celui-ci, qui n'est pas le moindre peut-être, *la beauté*. Mais nous sommes en mesure de le prouver, cette

splendeur de l'Océan qui, calme sous un ciel brillant, nous enchante, et qui, soulevé de tempête
sous la nuée sombre, nous verse l'âpre jouissance
du sublime, cette splendeur même en l'horreur,
n'est que la réaction de nos forces vives à l'égard
des formes caressantes ou brutales de l'Energie.
A ce point de vue, c'est aussi un fait scientifique,
et qui rentre dans notre cadre.

Retraçons d'abord le tableau des énergies océani-
ques; nous tracerons ensuite celui de nos propres
énergies qui leur correspondent. L'histoire de la
Mer, ainsi, sera complète, car ce que nous appelons, même scientifiquement, de ce nom, la *Mer*,
n'est que son image projetée dans un œil humain, et déjà compliquée de vie, de pensée [hu-
maine.

LES ÉNERGIES DE L'OCÉAN

La Mer doit en grande partie son attrait à ce
qu'elle saisit tous nos sens à la fois, et très fortement. Elle agit, en effet, non du lointain inaccessible comme les astres, mais de tout près. Son
voisinage s'annonce déjà, hors de vue, par un
arome étrange et salubre; arome plutôt qu'odo-
rance, car on ne la sent pas seulement, on la goûte:
son sel, transporté par la brise, vient se poser sur
vos lèvres; avant de l'apercevoir, on s'y baigne,
pour ainsi dire. En même temps, une résonance
cadencée, qui n'est plus un bruit et pas encore un
son musical, avertit de la grandeur et de l'harmonie du spectacle qu'on va trouver. Vous débouchez
enfin, du val encore tranquille et fleuri, sur la

plage ; là, l'horizon s'ouvre, un demi-cercle parfait
se trace à vos yeux, tantôt uni, presque sans rides,
en immense miroir d'opale, tantôt mouvementé,
hérissé de crêtes écumantes, ainsi d'une meute
fantastique lancée de l'horizon vers la rive...
Vous pouvez vous approcher, cependant, car
l'abîme n'est pas immédiat ; les lames, tour à
tour, viennent mourir précipitamment, en cou-
reurs, sur le glacis de sable ou de galet, et trem-
pant vos mains dans l'écume, vous sentez une
tiédeur mucilagineuse qui vivifie. Le baigneur,
pénétrant tout entier dans ces eaux, est enveloppé
d'effluves à la fois puissants et doux, tel un souffle
de grandes orgues. La mer est ample, en effet,
dans ses ondes, elle est grave dans ses rumeurs.
Son caractère est la grandeur libre, fruste et
sauvage ; c'est un accumulateur d'énergies.

L'*Eau*, d'abord, qui la compose essentiellement,
vous l'avez vue formée de deux gaz très actifs,
dont l'un produit, isolément, une flamme et dont
l'autre agit, dans le composé même, en rouillant
le fer des harpons et des ancres. Mais la combinaison de l'Hydrogène avec l'Oxygène acquiert
des vertus nouvelles, qui ne se trahissent en
aucun des deux composants. Pesante, incompres-
sible, roulant sur elle-même, onctueuse, l'Eau —
celle de la mer surtout, est à la fois plastique,
résistante et d'une puissance mécanique incroya-
ble. Elle se laisse mouler, docile, par le vent, se
plisse finement ou largement comme une étoffe ;
elle s'étale et lèche le sable des plages, ou bien
mord le pied des falaises et fait s'entre-choquer
les galets.

L'énergie que lui communique ainsi l'Air en mouvement, n'est pas continue, mais se décompose en périodes assez régulières : ce sont les *vagues*. — J'arrête un instant votre attention sur ces formes rythmées, si fugitives, de la Mer ; et cela, non pour le seul plaisir du spectacle, mais pour l'enseignement précieux qu'on en tire. En effet, comme l'a fait remarquer Helmholtz, en sa théorie célèbre de la Musique (1), l'œil extérieur, ici, perçoit d'un seul coup ce jeu qui, pour les ondes sonores invisibles, se présente si m l à l'œil intérieur.

« On voit, dit l'illustre savant, les lames arriver du lointain en longues lignes droites et se distinguant, çà et là, par l'écume qui blanchit leur crête, se succéder régulièrement, en gardant leurs distances, jusqu'au rivage. Là, les inégalités du terrain les rejettent en des directions différentes, de manière à recouper obliquement les lames qui suivent. Puis c'est un navire à vapeur dont la marche engendre, à l'arrière, un système d'ondes en forme de fourche ; c'est un oiseau qui pêche un poisson, et provoque la formation de cercles d'eau concentriques. »

Et l'auteur évoque le tableau sonore, mais invisible pour nous, de l'atmosphère d'une salle de danse. « Là, dit-il, sont des instruments de musique qui jouent, des gens qui causent, des vêtements qui bruissent, des pieds glissant sur le plancher... Tout cela donne naissance à des ondes distinctes, qui se propagent dans l'air de la pièce,

---

1. *Théorie physiologique de la Musique.*

sont répercutées par les murs, puis réfléchies encore sur les murs opposés, et ainsi de suite, jusqu'à
complète extinction. Il faut s'imaginer des ondes
de 8 à 2 pieds de long émanant de la bouche des
hommes et des instruments les plus graves,
d'autres plus courtes, de 2 à 4 pieds, sortant des
lèvres féminines ; le frou-frou des habits produit
de petites ondes très fines entremêlées. Bref, c'est
un enchevêtrement dont il est presque impossible
de se figurer la complexité. »

La Mer observée d'une falaise, ou plus simplement un bassin où l'on jette des cailloux pour
« faire des ronds », — voilà donc une leçon de
choses d'Acoustique donnée par l'Optique. Par
les dessins que font les ondulations *muettes* d'un
plan liquide, nous devenons capables de comprendre les ondulations *aveugles* de la Musique.
Nous nous formons une image des « longueurs
d'ondes » sonores, même lumineuses, en mesu-
rant de l'œil la distance de crête à crête, dans
les vagues. Ainsi nous pouvons nous figurer
la gamme comme une échelle d'ondes décrois-
santes, de plus en plus courtes du grave à l'aigu ;
de même les vibrations du rouge spectral au violet. Les nuances d'intensité, du *pianissimo* au
fortissimo, trouvent leur expression graphique en
la diminution graduelle des amplitudes. Enfin, les
vagues au profil uni représenteront des sons
simples, celles à contour festonné, des sons
complexes; au nombre, à la grandeur, à la forme
de ces festons correspondront des variétés d'harmoniques et par suite des différences *de timbre*.
Tous ces accidents, qui ne causent rien de plus,

en l'onde liquide, qu'une modification du coup d'œil, entraînent, pour l'onde plus subtile qui se meut dans l'air ou l'éther, une impression spécifique de coloris ou de sonorité bien frappante.

A la jouissance de la vue peut donc s'ajouter celle tout idéale, dont parle Helmholtz, et qui consiste à contempler le jeu des vagues comme une musique en puissance.

Puisque l'énergie purement dynamique des vagues est l'image visible, agrandie, d'autres énergies dont le mécanisme est latent, mais qui se transfigurent en sonorités, en lumières, la transition est naturelle du *mouvement* des flots à leur tumulte harmonieux, à leur coloris.

ÉNERGIE SONORE DE LA MER

Définir musicalement le bruit de la mer qui déferle, est une tâche malaisée. On sait que tout son de quelque valeur musicale, et pouvant s'employer dans l'orchestre, s'exprime par un *timbre*, c'est-à-dire un ensemble de notes supérieures plus faibles s'ajoutant à la fondamentale comme un écho, la renforçant sans altérer son degré d'acuité ou de gravité. — Par exemple, un motif de cor joué *solo* s'entend tel qu'il est noté, comme une mélodie toute pure, *monocorde;* et pourtant sa notation complète, en Acoustique, serait une série *d'accords*, les notes supérieures échelonnées traduisant les sons partiels, ou, comme on dit, les *harmoniques*.

Ces notes-là ne sont pas entendues, même à la manière des sons d'un accord ; leur fusion avec la

note fondamentale est si parfaite qu'elles créent
purement et simplement la qualité de son, ici par

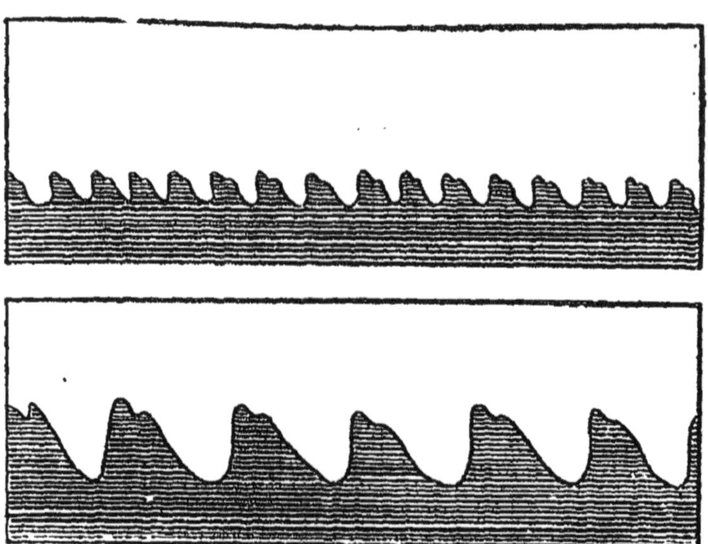

Profil d'ondes *liquides*.

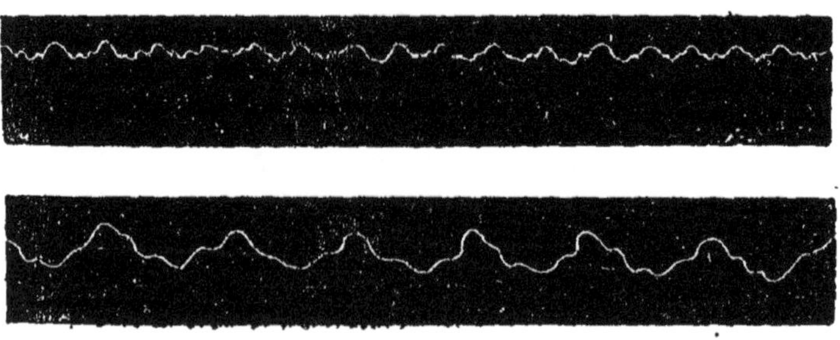

Profil graphique d'ondes *sonores*, aiguës en haut, graves en bas.

exemple, l'éclat plein, velouté, chaud et doucement voilé du cor.

Toutes les sonorités naturelles, aussi bien que
celles usitées dans l'Art, se distinguent chacune
par un caractère personnel, comme un parfum

sui generis, et cette sorte de « bouquet sonore » est l'effet d'une combinaison plus ou moins complexe d'éléments simples. Seulement ces éléments peuvent varier de nombre, d'importance, d'ordre et de qualité, ce qui produit des nuances sonores infinies. Les sons partiels, ou « de fourniture », peuvent être, dans la série régulière des harmoniques, de rang pair ou impair; ils peuvent encore être relativement bas ou haut sur l'échelle. Ce sont tantôt les plus graves qui prédominent, et tantôt les plus aigus; en outre, les harmoniques qui *parlent* le mieux sont consonants, ou dissonants; enfin, ils arrivent parfois à dominer le son principal.

On se rend mieux compte, dès lors, de la prodigieuse diversité des voix de la Nature, et comment, en ce chœur, cet orchestre immense et dispersé, nous distinguons des sons réellement musicaux et des *bruits*, des motifs presque mélodiques et des successions sonores innotables, des accords harmonieux et des cris.

Il y aurait une étude magnifique à faire sur l'*Instrumentation des bruits naturels*. Et dans cet immense chapitre, l'*Eau* tiendrait certainement une place importante. Que d'expressions profondes et confuses dans le murmure de la source qui, cachée de feuillage, babille à mi-voix, semble débiter des syllabes..., — dans le bruissement sourd et continu du torrent, vous grisant, en pleine solitude, d'un tumulte de foule, ou bien dans le tonnerre prolongé des cascades, le clapotis scandé, presque prosodique du ruisseau; le gazouillement bavard de l'eau fluant des robinets,

dans les Thermes, le chant de l'eau qui bout, le
pétillement des gouttelettes de pluie sur les toits.

L'Océan semble synthétiser tous ces bruits ; il
les fond dans une ampleur qui répond au front
étendu des vagues ; il les encadre dans une
mesure solennelle. On écoute sans se lasser, des
heures entières, cette musique du flot, si monotone : on y réentend toutes les musiques qu'on a
jadis entendues, surtout les grandes ; on y pressent
de nouveaux accords, de nouveaux motifs... Et
sans doute qu'en analysant le timbre de cet instrument colossal, on y retrouverait mêlés, confondus
en harmonieuse rumeur, les éléments de tous nos
timbres, de toutes nos combinaisons orchestrales.

ÉNERGIE LUMINEUSE DE LA MER

L'énergie dynamique de l'Océan, que traduisent
les *vagues*, n'est pas seulement l'image en très
ample de l'oscillation aérienne et génératrice du
son, mais aussi d'un autre mouvement oscillatoire,
infiniment plus ténu, qui ne s'exerce pas dans
l'air, mais dans l'*éther*. Vous avez nommé la
vibration lumineuse. — En la Nature, les contrastes les plus prodigieux sont juxtaposés. Vous
en trouvez un exemple dans la mer, oscillant à la
fois sous l'action du vent et du soleil. Ici, je laisse
parler l'éloquence péremptoire des chiffres : le
vent soulève sur la mer des ondes dont la longueur
peut atteindre *trois cents mètres*, tandis que la
longueur d'ondulation la plus considérable en la
portion lumineuse du spectre — celle qui donne la
sensation du *rouge*, ne mesure que 761 *millioniemes
de millimètre*...

Il est en vérité surprenant que notre vue franchisse, sans s'en douter, de tels écarts ; écarts effrayants pour l'imagination, la pure logique. — Comment, sur cette partie de la mer, il se lève des montagnes d'eau, et sur chaque petit point frappé du soleil, la Science me révèle un océan minuscule, des vagues en miniature ?... Sans doute, ces deux mouvements incommensurables l'un à l'autre, ils coexistent à la surface de la mer. Mais l'immensité même de leur écart empêche la formation d'un contraste, car l'un, l'oscillation liquide, est trop vaste déjà pour que vous l'embrassiez d'un coup d'œil : il faut le suivre du regard ; — et quant à l'autre, l'oscillation d'éther lumineux, il est trop rapide et ténu pour que vous saisissiez son essor : les temps de cette vibration infinitésimale se fusionnent entre eux ; et même se fusionnent également les vibrations entières entre elles. Ainsi de pendules alignés, si fins et si vertigineux d'allure que non seulement le va-et-vient de chacun vous échapperait, mais que votre œil les confondrait tous et les noierait dans une vision trouble, homogène, et parfaitement continue. L'excès du mouvement, pour nous, revient à l'immobilité ; déjà les rais d'une roue qui tourne un peu vite ne se peuvent plus distinguer ; un brandon que la main fait tournoyer, d'un geste à peine rapide, trace un cercle de feu fermé dans l'espace (1). Tous ces exemples familiers rendent plus facile la

1. Ainsi la même roue, qui, lente, marque un rythme à deux temps, fusionne, en s'accélérant, ses secousses, et donne l'impression d'un son continu.

conception, ardue pour l'esprit, d'un rythme qu'il faut admettre, et qu'on ne voit pas, — d'une oscillation que mesure le physicien au micromètre, et dont la période mathématique sombre magnifiquement pour nous dans l'éblouissement lumineux.

Si le fait n'était pas établi déjà fermement, la gamme des couleurs suffirait presque à le démontrer. Car il existe une « gamme » pour les couleurs comme il en est une pour les sons ; et d'où proviendrait cette gradation d'espèces lumineuses, sinon d'un fait physique capable de croissance ou de décroissance régulière, — en un mot d'une vibration ?

Seulement, entre le fait physique du dehors, pur provocateur de nos sensations, et ces sensations, si disproportionnées, qui s'appellent le *rouge*, le *bleu*, le *violet*, nous restons incapables de saisir un lien. Il semble qu'il y ait entre ces deux termes, un abîme.

Et pourtant, l'espèce de magie qui s'attache au phénomène de la couleur ne doit pas nous en imposer. Séduits par l'azur de la Méditerranée, par l'opale des mers du Nord, nous nous laisserions aller peut-être à l'idée d'un décor sans structure et fait exprès pour le plaisir des yeux; mais il suffit d'arrêter son regard peu d'instants sur la nappe liquide, pour s'assurer que sa beauté, toujours changeante, est faite d'une docilité perpétuelle aux volontés de la Lumière. Ce serait une banalité de dire que la mer prend la couleur du ciel ou du soleil, qu'elle est plus bleue sous le ciel bleu, qu'elle s'argente de lune, se dore de la poussière métallique du couchant. Mais il faut insister sur l'action continue, l'action de détail des rayons — des rayons et des ombres, car le clair partage ici, comme partout, son royaume avec l'obscur. L'obliquité du jet lumineux, qui rase la surface humide, donne à chaque vague une ombre portée : le paysage d'eau se précise alors comme au burin. Les beaux nuages ronds, séparés, y jettent de larges taches assoupies, en contraste avec les étendues vibrantes de lumière. Avec quelle ponctualité, quelle touchante soumission à la règle, vous la surprenez, cette Eau si puissante, à suivre les gestes du Soleil Roi!... Se dérobe-t-il sous la nue, la voilà pâle et mélancolique, comme d'une absence : image de notre âme que la même éclipse, si passagère, suffit à assombrir... A peine l'astre émerge-t-il, qu'elle rit de nouveau, elle se remet, la Mer, à sourire. Plombé, le ciel d'orage lui prête une lourdeur mate de plomb; barré de longs stratus blancs, il la raye de bandes noires complémentaires; la Mer est blanche d'aube, elle rosit au rose de l'aurore; si le fond sableux la jaunit, si les grandes profondeurs la verdissent, c'est un effet local, épisodique : la pleine mer mime de préférence le ciel. La lumière que le ciel lui donne, elle la reçoit et la rend, la concentre ou la disperse, la réfracte ou l'absorbe en son sein suivant des fatalités immuables, et ces fatalités, justement, sont des beautés.

Ainsi la Science est tout, elle absorbe tout dans son domaine, et cette chose qui semblait devoir échapper à sa norme, la Beauté, voici qu'au

contraire elle s'y ramène et vient s'y fixer comme
le tableau dans son cadre... Faire l'histoire physique d'un rayon de soleil sur la mer, c'est faire
l'histoire du *Beau*, d'une des formes les plus
pures et les plus frappantes du Beau. Nous ac-
querrons dès lors cette certitude, que la Beauté
parfaite émane de la Discipline absolue; — résultat d'une incalculable portée pour nos Arts; en
effet, ils seront sauvés le jour où l'artiste enfin
comprendra l'inanité du Vouloir-Faire et des
contingentes fantaisies. L'artiste admire aujour-
d'hui très sincèrement la Nature. Mais est-il donc
un point, en cette Nature admirable, où la matière
échappe à l'étreinte des forces?

NOS PROPRES ÉNERGIES DEVANT L'OCÉAN

Ces forces, toutefois, ces énergies vivantes du
monde extérieur en perpétuel accord ou conflit,
seraient mortes pour nous et pour notre sentiment, s'il n'existait en nous, aussi, d'autres
forces, comme des étincelles intérieures du grand
foyer d'Energie.

Pour que vous voyiez la Mer, seulement, que
vous l'entendiez, ne faut-il pas qu'au trajet
extérieur et libre dans l'espace, s'ajoute un trajet
profond, souterrain, dans votre organisme?
Ce trajet si court, du pavillon de l'oreille, ou du
globe oculaire au cerveau, — bien insignifiant au
prix du chemin qui part d'une étoile, il est cependant le plus accidenté, le plus riche. Il est
même essentiel, à ce point que la nuit d'un
œil aveuglé peut être illuminée d'éclairs illu-

soires, de *phosphènes*, le silence d'une oreille sourde s'éveiller à des tintements irréels. Témoignage vivant de cette étincelle de force que chaque être a dérobée, pour ainsi dire, au foyer du monde; signe révélateur d'une portion d'Energie cosmique condensée là, dans le faible espace d'un nerf, au service, cette fois, d'une *âme*.

Si cette âme, devant la *Mer*, est émue de ce qu'on nomme la Beauté, c'est qu'elle a conscience d'un accord entre ces forces extérieures et les siennes. Vous avez vu que l'Océan est en soi, de toute manière, une énergie : dans sa composition chimique déjà, par la cohésion quasi géométrique des atomes, et dans sa structure physique, par celle, moins serrée, des molécules d'eau. Il est une énergie encore par son pouvoir dissolvant sur les sels, qui le font onde amère et salubre, — par la lumière qu'il reflète et le fait couleur de ciel, — par la chaleur qu'il absorbe et qui féconde la vie dans sa masse,—par l'essor des flots qui bercent les navires et battent les rivages, par la phosphorescence des atomes vivants nourris de son mucilage électrique...,

Et nous, qui pouvons contempler l'Océan, jouir de lui, de son visage, de sa voix, ne sommes-nous pas également un faisceau d'énergies presque analogues?

Energie, cette fois, condensée dans le petit monde d'un organisme, admirablement distribuée, canalisée dans des vaisseaux, des nerfs, circulant, ayant ses courants comme la mer, offrant, comme elle, des remous profonds et des vagues, se manifestant au dehors, également, par l'humide rayon des yeux, par le pouls, par le soulèvement régulier d'un sein qui respire, par l'ondulation du geste et de la parole. Notre œil même, qui prend l'image de cette immense étendue d'eau salée, n'est-il pas baigné d'eau salée? Ce composé d'hydrogène et d'oxygène qui est l'Eau, n'entre-t-il pas en nous comme base de tous nos tissus, substratum de toutes nos humeurs? Ne perdons-nous point la vie, en perdant l'Eau? Les milieux par où la lumière pénètre dans l'œil ne sont-ils pas l'humeur aqueuse et l'humeur vitrée? L'extrémité des filets acoustiques ne plonge-t-elle pas dans un liquide, l'endolymphe? Nous aussi, nous emmagasinons la chaleur et la dirigeons, par une sorte de Gulf-Stream, des régions les plus chaudes aux plus froides...

Nous sommes loin du minéral, mais nous portons en nous un appareil absolument minéralisé, le squelette, espèce de polypier intérieur. Nos liquides vitaux nourrissent parfois des êtres infiniment petits, germes ou microbes. Tous nos viscères sont animés d'un mouvement rythmique de flot. Nous sommes parcourus, de la tête aux pieds, par un flot de sang, un flot de fluide magnétique. En résumé, le dernier mot de notre existence organique, c'est l'Onde.

En dressant ce parallèle, je n'ai certes pas la prétention d'égaliser, même de rapprocher les deux termes si différents du phénomène esthétique : l'*Océan*, qui déferle sur un rivage, et l'Homme, qui contemple et qui rêve. Mais je ne croirais pas avoir fait l'histoire complète de l'Océan, si, comme tant d'autres, je m'étais contenté du tableau de ses énergies, sans ajouter celui de nos propres énergies humaines. Je ne me lasserai point de le répéter : au fond, il n'y a ni Mécanique, ni Chimie, ni Biologie, ni Science spéciale de l'Océan, ou de la Montagne ou de l'Etre, mais une grande *Physique harmonique* qui partout, dans l'Onde comme dans la Flamme, dans la forme d'une coquille hélicoïdale comme en celle d'une oreille féminine, réalise les mêmes directions essentielles et, dans les êtres les plus distincts, assure des fonctions analogues.

C'est ce fond commun qui, rattachant tous les êtres et tous les phénomènes entre eux, justifie nos tendances perpétuelles à la *métaphore* et, par là, rend nettement compte des sympathies qui fondent le sentiment esthétique. Nous n'aimerions pas la Mer comme nous l'aimons, si nous n'avions pas en nous quelque chose de la Mer, — au moins de l'agent lumineux qui nous la désigne en l'espace, qui dessine d'un clair-obscur ses vagues, ses reliefs et ses creux, et de l'agent sonore qui nous en représente les vibrations à l'oreille. Encore une fois, ces formes vibratoires de l'Energie sont les nôtres ; nous ne sommes sensibles aux traits du monde extérieur que par la faculté que nous avons de les reproduire, à plus faible échelle, en nous-mêmes ; notre œil redessine la crête des flots, le contour circulaire de l'horizon ; nos fibres auditives, rangées en gamme, recomposent minutieusement les sonorités du dehors. Oui, nous sommes bien le petit monde, le *microcosme* où l'Univers se reflète en miroir et se répercute en écho. Ce n'est pas, en définitive, l'Océan du dehors, onduleux et qui bat ces falaises, que nous regardons, que nous écoutons tout émus : c'est notre propre flot de vie, c'est l'eau toujours plaintive, et toujours agitée, de notre organisme.

LES NUAGES

D'un homme qui distraitement écoute les propos mondains et rêve au delà, on dit qu' « il est dans les nuages ». — Les nuages passent ainsi, dans le monde, pour le comble du vague et de l'imprécis. Mais cette opinion de gens positifs est elle-même imprécise et superficielle. Les nuages sont réglés, exactement comme les flots, dans leur forme, leur mouvement, leur couleur ; pas un de leurs flocons n'est livré au hasard... Et d'abord est-ce qu'il existe un hasard ? Or c'est ce jeu parfaitement régulier, même en ses apparentes fantaisies, que je vais retracer à présent. Vous allez d'ailleurs constater que la beauté du spectacle, aussi bien ici qu'en les vagues, n'est qu'un ensemble d'harmonies rationnelles atteignant la partie sensible de notre âme.

Qu'est-ce qu'un *nuage ?* — Une portion de l'eau marine évaporée, flottant plus ou moins haut dans les airs, et moulée plus ou moins exactement par le vent.

Cette plasticité du nuage, qui se roule en sphère sous la brise ou se sème en flocons laineux, se drape en étoffes lourdes ou légères, évoque des images diverses : on peut aperce-

voir dans les nuages, suivant leur forme, ou
la tournure de son propre esprit, une flotte
d'aérostats voguant de conserve en l'espace, ou,
comme les Anciens, un troupeau de bêtes à laine,
ou bien le duvet répandu de quelque oiseau mystérieux et géant, ou bien encore des gazes, des
mousselines tendues, déchirées, de somptueux
lambeaux de pourpre et d'or... Mais la comparaison la plus exacte est avec les variétés de flots
dans l'Océan. En fait, le nuage est une onde, in-
cohérente, il est vrai, non continue, à la manière
de l'onde liquide, mais une onde atmosphérique
et tourbillonnaire (1). Le même souffle aérien qui
soulève à la surface des mers des vagues contiguës l'une à l'autre, roule ici la masse moins résistante des vapeurs; et l'on comprend mieux le
contraste des eaux et des ciels quand on songe
que l'inertie d'un liquide le pousse à descendre,
et celle d'un gaz à monter, à s'étendre de toutes
parts.

A cette différence près, un ciel semé de nuages
offre de grandes analogies avec une étendue marine accidentée de vagues. Adoptant la termino-
logie des météorologistes, nous dirons que les gros
nuages bouffants, les *cumulus*, sont des vagues
atmosphériques très amples : la lenteur avec laquelle ils se propagent dans l'espace, leur densité, leur volume énorme, aussi leur tendance à
compliquer leur contour, entassant, les jours
d'orage, orbe sur orbe, — tout les rapproche de

---

1. Elle se rapprocherait alors davantage du type d'onde
sonore, lumineux, électrique.

ces ondes aériennes, mais invisibles, qui font, pour notre oreille, les *sons graves*. On sait en effet que ceux-ci sont plus riches en harmoniques que les sons aigus, ce qu'ils doivent à la complexité plus vite atteinte de leurs ondes. Je définirai donc les *cumulus* (ces « balles de coton » des marins) — des ondes silencieuses FORTES et GRAVES; et la pente analogique du langage, en me laissant garder ici, pour le silence, la nomenclature du bruit, appuie solidement mon parallèle. Au point de vue de l'effet plastique, de l'*expression*, ces masses de vapeurs enflées en ballons suggèrent les mêmes courants d'idées que les sons pleins, pesants, qui sortent de la bouche des cuivres, ou des bombardes du grand-orgue (1).

Et d'ailleurs, le *son* n'est-il pas, tout d'abord, une compression du tympan? Alors l'épithète de « grave », venant du latin *gravis*, qui veut dire pesant, exprime la connexion secrète entre la sonorité des cloches, des trombones, des contrebasses, et la physionomie *« sérieuse »* des choses massives. Je traduis cette relation par le schèma suivant.

1° PHÉNOMÈNE	A	B
acoustique (sonorité) p. ex. celle d'une cloche en A, d'une clochette en B.	Lourde, forte, pleine, ample, basse, sérieuse, *grave* (au sens propre comme au figuré).	Légère, ténue, aérienne, grêle, haute, vive, *aiguë*.
2° PHÉNOMÈNE	A'	B'
optique (forme) p. ex. celle d'un *cumulus* en A', d'un *cirrus* en B'	Lourde, forte, pleine, ample, basse, sérieuse, *grave* (au sens figuré).	Légère, ténue, aérienne, grêle, haute, vive, *aiguë* de contours.

1. Cf. *bombarde* et *bombé*, et, plus loin, *trombe* et *trombone*.

D'après ce tableau, les deux qualités extrêmes du *son* se retrouvent intégralement dans la *forme* en général, et dans celle des nuages en particulier. Si les *cumulus* représentent, silencieusement, des sons *graves*, qu'est-ce qui, dans le ciel, nous offrira l'homologue des sons *aigus* ? — Évidemment les *cirro-cumulus*, qui, plus réduits et plus nombreux, couvrent l'azur de leurs petites sphères blanches, font le ciel *pommelé*. L'acuité des sons musicaux résulte en effet de vibrations plus fines et plus fréquemment répétées. On voit combien le parallélisme est exact : dans le champ total de *l'espace*, comme en celui du *temps,* les ondes sont courtes et pressées — ou longues, espacées. Ces analogies s'expliquent d'ailleurs par l'identité fondamentale du mécanisme, dans les deux cas. Le vent qui souffle, libre, à travers l'air plein de vapeurs, ou bien au ras des Océans, n'exerce pas une action plus homogène et plus continue que le courant d'air émané de la soufflerie qui fait vibrer les tuyaux d'orgue. On peut se figurer les courants atmosphériques comme les tuyaux d'un orgue immense, divisés par des nœuds et des ventres alternatifs, et rythmant la poussière aqueuse des nues, pour notre œil, au lieu de produire un son pour l'oreille. Ainsi le nuage est la trace visible d'un mouvement oscillatoire aérien : c'est un *graphique;* la forme de *tourbillon* qu'il affecte est une indication que ce mouvement de moulage est en vis, qu'il est spiral.

D'ailleurs, dans les *cirrus* (queues de chats des marins), le contour spiral est très net. Les vapeurs, ici congelées, forment des arborescences cristallines, pareilles aux fleurs de givre, et qui se tordent sur elles-mêmes, de manière à simuler certaines nébuleuses. Un ciel de cirrus correspond à quelque bassin liquide finement ridé par la brise ; il offre la grâce rasséronante et subtile d'une mer calme, à peine onduleuse : il s'unit, le plus souvent, à cet état de l'Océan ; c'est l'harmonie logique des ciels et des eaux.

Lorsque, deux ou trois belles journées de suite, en été, le ciel s'est ridé de *cirrus*, les *cumulus* commencent à faire leur apparition ; isolés d'abord, et d'une belle blancheur de ouate, ils se groupent, se multiplient dans le champ d'azur ; leur centre s'épaissit et se plombe ; leurs bords prennent des tons cuivrés, menaçants ; puis le contour, se compliquant, accumule, ainsi que nous l'avons dit, orbe sur orbe.

Et, magnifiquement, chante Victor Hugo,

> Apparaissent soudain les mille étages d'or
> > D'un édifice de nuées.
> L'œil croit voir jusqu'au ciel monter, monter toujours,
> Avec ses escaliers, ses ponts, ses grandes tours,
> > Quelque Babel démesurée.

Alors c'est l'Orage imminent ; l'*Orage*, c'est-à-dire le concours, sur un point, de nuées d'abord claires, éparses, puis de plus en plus gonflées, obscurcies. On pourrait le définir : un *tourbillon de tourbillons* : les ondes amples et graves qui roulaient en sphères énormes les « cumulus » se sont rejointes en effet, ont convergé vers un centre d'attraction électrique. Il se forme là comme un noyau de vapeurs très épais, d'où jaillira l'éclair, d'où le tonnerre éclatera. Que représente le ciel, à ce moment? — Un *Maëlstrom* ; autrement dit une eau bouleversée, confuse, un entonnoir mouvant où viennent mourir tour à tour les ondes, courant en spirales. Que si notre sens auditif pouvait percevoir ce chaos, quel déchaînement sonore ce serait !... Coupé de silences sinistres, sans doute, grâce aux *interférences* que produisent fatalement les dépressions s'ajoutant aux reliefs.

Dans le simple nuage de pluie, le *nimbus*, l'onde aérienne se résout plus pacifiquement; elle fond ses contours par degrés ; le silence se rétablit sans secousse... Et voici que l'orage et l'averse ont cessé; la nuée, devenue brume amorphe et sans contours définis, glisse, tel un rideau doucement tiré sur l'horizon. Alors des nuages configurés encore, mais aplatis, allongés en bandes très droites, barrent le disque du couchant: ce sont les *stratus*. L'onde tourbillonnaire, en ces formes finales, s'est apaisée; le mouvement de vis vertical qui tordait la ouate des cumulus a fait place à des vibrations plutôt planes et ralenties : c'est la spire qui se déroule. Ces beaux nuages stratifiés du soir — roses, amarante, lilas, enfin noirs de velours sur les blancheurs de lune, — ils représentent l'équilibre atmosphérique rétabli, les vagues de l'Océan aérien nivelées, enfin la « bonace » du ciel. A cette heure tranquille où la terre boit l'eau du dernier orage, où les feuillages s'arrêtent de trembler, où cesse le bruissement des insectes, il semble qu'il y ait

du silence jusque dans le repos des nuages, et
que le ciel lui-même, après un grand tumulte de
formes, se taise.

LA PLUIE

Lorsque, l'automne, la pluie tombe et, dans la
maison qui se ferme, verse l'ennui, vous avez une
distraction toute prête : étudiez la pluie. Je me
souviens qu'un jour où les averses succédaient
aux averses et me retenaient prisonnier, je m'a-
visai de faire de mon supplice un sujet d'enquête. Je recherchai tout ce qui pouvait être dit
sur la pluie, tous les points de vue sous lesquels
il était possible de l'envisager. Et peu à peu je
traçai ce tableau.

PLUIE		
Considérée dans son mode d'action, comme *phénomène*............	Point de vue *météorologique*.	
Considérée dans la constitution de son élément essentiel, l'eau........	Point de vue *physique et chimique*.	
Considérée dans son origine (distribution dans le temps)................	Point de vue *géologique*.	
Considérée dans sa distribution dans l'espace (actuelle)................	Point de vue *géographique*.	
Considérée dans son action sur la vie..............	Point de vue *biologique*.	
Considérée dans ses applications pratiques.......	Point de vue *agricole, industriel et médical*.	
Considérée comme spectacle expressif	Point de vue esthétique (Vue)..	Mouvement, Forme, Éclat, etc.

Le vaste champ d'étude! Et quel étonnement vous saisit, en constatant qu'une chose unique, et si simple, embrasse un si grand nombre de domaines! Mais tout se tient et s'enchaîne en la Création, comme les sons, successifs ou simultanés, d'une symphonie, — d'une symphonie bien faite, s'entend. La constitution *physique* de l'Eau qui lui permet de se réduire en vapeur à haute température, puis de se condenser en gouttes, sous un courant froid, crée les nuages dans l'atmosphère, et la pluie qui tombe des nuages. Ainsi la *Météorologie* se rattache à la *Physique générale*. D'autre part l'eau pluviale, par les sels qu'elle tient dissous, devient un aliment pour la plante, et par là l'étude biologique de cet élément s'insère sur son étude chimique. La répartition des pluies, à son tour, influe sur le climat, donc sur la différence des flores ; elle varie par conséquent l'aspect du paysage, et voilà la *Météorologie* qui rejoint, d'une manière inattendue, l'*Esthétique*.

Je dirai plus : si la pluie nous affecte, en dehors de préoccupations agricoles, soit comme épisode calmant, à nos yeux fatigués de soleil, soit comme tableau dépressif, — c'est par interprétation mentale de ses traits purement *physiques*, car la pluie n'en peut avoir d'autres. Bien entendu, ce n'est pas ici sa structure, ni aucune de ses propriétés *intérieures*, qui agit sur nous, nous émeut, mais la manifestation extérieure d'une force, ici la *Pesanteur*. Tout mouvement dirigé de haut en bas nous est, plus ou moins, signal de tristesse, au moins signe de *gravité*. Gra-

vitation n'est-il pas synonyme de Pesanteur ? — Or, l'averse qui tombe et se précipite, doit produire l'effet opposé du jet d'eau, fusant, lui, vers le ciel, et fait pour égayer nos jardins. Même, en la pluie, l'effet déprimant est multiplié mille fois, il se renforce du parallélisme serré des rayons d'eau. Dans le fort d'un orage, le trajet rectiligne de ces rais illuminé soudain d'un éclair, apparaît menaçant, héroïque, il évoque une forêt de lances à l'acier rapide, et chargeant. L'averse de grêle est plutôt mitraille, elle bombarde : c'est le combat d'artillerie, après la lutte à l'arme blanche.

Bien différente, l'expression d'une pluie douce de printemps coupée de soleil, — larmes entre deux sourires, disent les poètes. Mais, dans tous les cas, remarquez comme notre esprit, pourtant idéal, suit ponctuellement la pente du phénomène physique. La dépression tout extérieure des éléments le déprime, leur exaltation le stimule et l'enlève ; leur confusion le rend trouble et perplexe ; il se redresse avec la colonne élancée du geyser, s'abaisse au geste descendant de l'averse.

Si le vers de Verlaine est touchant :

Il pleure dans mon cœur, comme il pleut sur la ville,

c'est que la force d'émotion du poète, à travers le canal de ses expressions, passe en nous. N'est-il pas tout aussi légitime de rapporter l'énergie même de Verlaine à celle qui précipite l'Onde, dans l'averse, et du même coup rabat le vol de nos pensées ?

Pendant que la pluie nous déprime et resserre nos horizons, il nous faut songer à ses fonctions si vastes, si bienfaisantes. L'ennui, dit-on, est une inactivité de l'esprit : vous guérirez ce mal en faisant voyager votre esprit sur la trace de l'Eau.

Où va-t-elle, cette eau qui tombe des nuages, et que fait-elle ? — En vertu de sa pesanteur, elle gagne les parties déclives du sol, et, dans sa course des monts à la plaine, elle opère successivement déblais et remblais. Les lits qu'elle se creuse sont les torrents, les rivières, les *fleuves*. Ceux-ci doivent d'ailleurs une grande partie de leur masse à la fonte des glaciers, dont nous parlerons un peu plus tard. Le meilleur moyen de comprendre la genèse et la distribution des cours d'eau, c'est d'observer un coin de terre accidenté, que vient de raviner l'orage. Une allée de jardin en pente suffit à résumer, parfois, toute l'hydrographie de l'Europe. Le bombement central de l'allée représente une côte en miniature, d'où les eaux pluviales, ruisselant, gagnent les parties latérales plus basses. Vous voyez les deux versants de la chaîne — de l'*allée*, veux-je dire, burinés plus ou moins profondément par des torrents rapides, minuscules. Ces eaux sauvages entraînent avec elles les cailloux, le « sable de rivière », au grand désespoir des jardiniers. Mais les curieux de la Nature en sont ravis, car c'est une occasion pour eux de saisir aisément, de tout près, des phénomènes géographiques trop vastes. Ils s'intéressent singulièrement au creusement de menues vallées dans les parterres, guettent l'érosion des « massifs », retrouvent avec bonheur, dans le jardin ravagé, les atterrissements, les déltas, les « cônes de déjection », dont ils n'avaient jamais pu embrasser l'ensemble sur le vif, ni saisir la description morte dans les livres. Un orage qui passe ainsi grave en quelques minutes, sur le sol le mieux nivelé, la carte physique la plus instructive ; celle-ci ne trace en vérité qu'un relief de détail et tout contingent, mais ce dernier reproduit fidèlement, à minime échelle, les traits qui font le relief majeur, à peu près permanent, de notre planète. La manière dont un cours d'eau principal s'engendre et se nourrit en chemin d'affluents, est surtout très nette ; on voit la vitesse du débit se ralentir avec l'adoucissement graduel de la pente. Et le lendemain, quand toute l'eau du système s'est épuisée, la succession régulière du gravier, du sable et du limon, aux trois temps du parcours, mesure l'énergie décroissante de l'eau, trace un schéma des assises sédimentaires. De mignonnes coquilles, des brins de feuillage entraînés ajoutent à la ressemblance : la formation géologique d'un jardin a ses fossiles.

LA VIE DES FLEUVES

Si fugace et si peu cohérent qu'il soit, un *fleuve* constitue une individualité : c'est un individu, puisqu'il porte un nom. Il a d'ailleurs une figure : avec ses affluents de droite et de gauche, le courant principal offre l'image d'une arête, d'une penne d'oiseau ; ses méandres le font comparer au serpent. Cet individu fleuve a même une *vie*, faible et comme enfantine à sa source, puissante et vive, tel un âge viril, au milieu de son cours, enfin plus molle, plus large et plus lente près de son terme, l'embouchure. Alors le fleuve *meurt*, on peut dire : il est absorbé dans la mer. Mais jusqu'à la fin, sa carrière est pareille à notre carrière humaine : elle varie par la durée, par l'ampleur, par l'importance de la tâche. La Seine use son existence en quelques jours; l'Amazone ne parvient à son terme qu'en plus d'un mois.

Mais aussi la Seine traverse un Paris, un Rouen : courte et brillante vie que la sienne ! Les géographes ne connaissent-ils pas des fleuves inertes, et d'autres *travailleurs* : le *Pô*, par exemple, qui dépose en route tant de limon que son lit s'exhausse de façon périlleuse.

La vie de ces êtres singuliers qui meurent à chaque minute dans l'Océan, et qui renaissent à chaque minute à leur réservoir d'origine, — cette vie peut être plate, unie, monotone, ou bien accidentée, dramatique.

Notre Loire s'écoule tranquille, heureuse, sans autres événements que le jardin de la Touraine, et les châteaux splendides qu'elle reflète. Mais le *Doubs* fait, à Morteau, le bond prodigieux que l'on sait; le *Rhône*, à Bellegarde, se perd au milieu d'un chaos de roches, en écumant; le *Rhin* à Shaffouse, en Amérique le Niagara, trouvent soudain le terrain manquant sous leurs pieds, — leurs anneaux, veux-je dire, — et se précipitent... Les fleuves du Canada, du Tonkin, ont des emportements fougueux de coursiers, qu'on nomme *rapides*. Quelques-uns, tels que l'*Ariège*, charrient l'or : fleuves nobles, — si l'on peut dire, à cette époque, que l'or ennoblit... Le *Nil*, grand, sacré.

celui-là, donne à ses riverains l'or en nature, le vrai et le bon, non point corrupteur, car son travail entraîne le travail de l'homme : Nil grandiose et bon, dont vous pouvez contempler le symbole en ce colosse débonnaire du Vatican, peuplé d'enfants joueurs comme un baobab d'oiseaux-mouches...

Si les fleuves, pour la plupart, meurent doucement, et par degrés insensibles, dans la mer, il en est qui souffrent une *agonie*. Littéralement, puisque agonie signifie le combat suprême, et c'est bien cela, le phénomène du *mascaret*, de la *barre*. Une lutte, au dernier moment, s'engage entre l'eau douce qui va « passer » et l'eau salée, tempêtueuse, qui retarde sa délivrance... La vie terrestre du fleuve remonte alors péniblement vers sa source : une vague prodigieuse, issue du conflit, s'élève et refoule l'eau douce en amont, jusqu'à ce que la marée, reculant, laisse enfin la vie du fleuve s'écouler, se perdre dans la vie sans bornes du large.

A ce moment, le cycle de l'*Eau* se referme, mais pour se rouvrir d'ailleurs aussitôt, puisque la Mer, absorbant les fleuves, va de nouveau se résoudre en nuages, porteurs de pluie, nourriciers des fleuves. Ainsi le point d'arrivée de la *force* est ici son point de départ. Le cercle est le schéma de ce cycle perpétuel : il résume nos descriptions de la *Mer*, du *Nuage*, de la *Pluie*, du *Fleuve d'eau douce*.

Pourquoi disons-nous : « fleuve *d'eau douce* » ? -- Parce qu'il est des fleuves d'eau salée : ceux-ci coulent continûment dans la mer ; ils ont pour rives les ondes mêmes de l'Océan ; ils sont une partie d'Océan : ce sont les *courants*.

Le plus considérable de tous, l'Amazone des fleuves marins, c'est le *Gulf-Stream*. Ce qui l'individualise, et le différencie de ses rives, c'est la température et c'est le mouvement. Le marin, immergeant un simple thermomètre, mesure ses limites, — « aussi invariables, écrit Buffon, que celles qui bornent les efforts du fleuve de la terre ». Son nom (courant du golfe) indique le lieu de sa source : c'est l'immense échancrure des côtes mexicaines. Là, dans la zone brûlante d'Equateur, et ceinte de montagnes isolantes, l'eau, surchauffée peut-être aussi par le feu central, crée le foyer qui va tempérer nos climats d'Europe et fondre les glaces du pôle.

Grâce aux bras de ce Nil fécond de tiédeur, l'Ecosse a des hivers presque italiens, et notre Bretagne, si découverte, a sur certains points de la côte, tel Roscoff, un écho de flore méditerranéenne ; même les environs du cap Nord sont moins froids que le sud du Danemark ; et les navires traversant l'Atlantique, s'ils peuvent rallier son cours, échangent, dans ses eaux, l'hiver pour un été. Aux abords mêmes du grand golfe, leur température, atteignant 30 degrés, fond d'une heure à l'autre la glace qui pend en lustres des vergues, et ranime l'équipage engourdi des tempêtes de neige.

Le *Gulf-Stream* n'est donc pas qu'un phénomène curieux à scruter et qu'on s'enorgueillit de comprendre : c'est un phénomène bienfaisant et compensateur ; c'est un témoignage de l'Intelligence et de la Pitié qui nous ont fait la terre habitable. Il ne serait pas suffisant, au point de vue scientifique tout pur, d'y voir une loi d'ordre : c'est une loi de prévoyance et d'amour.

LA NEIGE — LES GLACIERS
LA GRÊLE

Dans le cycle d'évolution de l'Eau, tel que nous l'avons décrit, la *pluie* peut être remplacée par la *neige*. Celle ci, comme on sait, n'est que de l'eau pluviale gelée. Quand il pleut sur la plaine, il neige sur la montagne. Même, c'est cette neige qui, s'accumulant sur les pentes, dans les *glaciers*, alimente surtout les fleuves. Mais nous avons voulu réunir dans une même étude toutes les manifestations, météorologiques ou géographiques, de l'eau gelée. Nous étudierons donc ici spécialement la *neige*, la *glace* (des glaciers) et la *grêle*, comme une sorte de famille physique.

LA NEIGE

Le *blanc*, qui n'est pas une couleur, mais l'absence de toute couleur, agit justement sur notre âme par ce caractère négatif... « Si demandez comment, dit Rabelais, par couleur blanche, « nature nous induict entendre joye et liesse : je « vous responds, que l'analogie et conformité est « telle, Car comme le blanc extérieurement *dis-*

« *grège et espart la veüe,...* et le voyez par expé-
« rience, quand vous passez les monts couverts
« de neige..., tout ainsi le cueur par joye exçel-
« lente est intériorement espars... »

On est confondu de trouver déjà, chez un auteur du xvi° siècle, la théorie physique de l'*irra-
diation*, et mieux que cela : une explication du
beau fondée sur la vie, idée toute moderne. Il
demeure évident, en effet, que *blanc* signifie joie,
comme *noir*, son opposé, deuil et mélancolie.
Mais il exprime aussi, ce « blanc », unité, pureté,
simplicité, et c'est là surtout, avant tout, l'effet
d'un tapis de neige encore vierge. La couleur,
positivement, est une ombre ; nous avons pu confirmer là-dessus les idées de Gœthe (1).

Un paysage blanc de neige, de neige immacu-
lée, c'est donc l'image la plus parfaite de l'unité ;
l'impression est plus forte au printemps, par le
contraste du ciel bleu, des gazons d'émeraude,
ou celui des troncs d'ébène, l'hiver. Avez-vous
remarqué comme cette blancheur parfaite, splendide, ternit pour l'œil les noirs les plus vifs de
l'étoffe, en fait apparaître la pauvreté ? C'est à
peine si le velours noir des robes ou des blouses
de chasse tient devant ce velours blanc naturel.

La neige, ainsi vêtue de lumière, est un éblouissement tel pour la vue que l'âme en est à son
tour accablée : « *Vous vous plaignez de ne pou-*

---

1. On peut dire, en forçant un peu, que c'est une tache,
une impureté. Effacer la couleur, c'est donc restituer à la lumière sa plénitude. Le *rouge*, le *jaune* ou le *violet*, c'est une
fraction de lumière : le *Blanc*, c'est toute la lumière.

*voir **bien regarder** »*, dit l'auteur de Pantagruel.
Ainsi l'excès du bonheur dissout le cœur et tue,
comme il en cite maint exemple... Et que cette
parole de Pascal est vraie :

« Nos sens n'aperçoivent rien d'extrême. Trop
« de bruit nous assourdit; trop de lumière
« éblouit; trop de vérité nous étonne... Les qua-
« lités excessives nous sont ennemies et non pas
« sensibles; *nous ne les sentons plus, nous les*
« *souffrons...* »

N'attendez point que cette neige blanche et
froide fasse monter le sang à vos yeux. Détour-
nez-les, ces yeux, d'un spectacle trop grandiose,
trop uniforme. Dans cet Océan d'eau pétrifiée, mais
poreuse encore, puisez une goutte, un *flocon* :
puis regardez sa petitesse à travers une lentille
de verre.

Oh! quelle surprise aurait saisi les Anciens de
voir soudain la plane homogénéité disparaître,
et se révéler la magie d'un monde de figures im-
peccables !

Aujourd'hui même, en ce siècle dit de lumières,
en est-il beaucoup qui soient initiés au spectacle ?
Que vous passiez un soir de frimas dans une
chaumière ou dans un salon, je vous prédis succès de nouveauté, si vous montrez cette chose
pourtant classique : les cristaux de neige ou de
glace. L'expérience prendra plus d'ampleur et de
charme, si, d'après le dispositif usité, vous pro-
jetez un rayon de lumière électrique sur un écran,

après lui avoir fait traverser un bloc d'eau glacée transparente. La chaleur du foyer, ne passant pas aussi vite que la lumière, dissocie doucement les atomes et, disséquant le bloc, pour ainsi dire, dégage à la vue des étoiles cristallines au contour varié presque à l'infini... La structure de l'Eau solide s'est dévoilée. — « Ce bloc de glace, disait Tyndall, il ne semble guère présenter, en soi, plus d'intérêt qu'un bloc de verre ; mais, pour l'œil du savant, la glace est au verre ce qu'un oratorio de Hændel est aux cris de la rue. Le verre n'est qu'un bruit, la glace est une musique ; elle représente l'harmonie, tandis que le verre n'offre qu'un chaos... Dans la glace, les forces moléculaires ont tissé comme une broderie merveilleuse. »

Paraphraser ce texte, serait la tâche d'un livre entier et d'un beau livre. Aujourd'hui je n'en veux tirer que la prime essence.

Et d'abord deux questions se posent, au sujet de ces « fleurs de glace » : on se demande, en premier lieu, pourquoi la glace est intérieurement conformée, tandis que le verre est amorphe ; en second lieu, pourquoi cette glace est conformée de telle manière.

Or, l'expérience nous enseigne que *la formation d'éléments figurés, de cristaux,* dans les masses fluides, est favorisée par le calme. Si le verre artificiel de nos vitres — aussi bien que le verre natif de volcans — s'offre sans structure, c'est à cause d'une consolidation trop rapide : au lieu que l'eau, se congelant avec tranquillité dans l'atmosphère, laisse aux atomes le loisir de s'organiser, de former les constellations qu'on admire (1).

D'où vient, maintenant, qu'ils s'organisent, ces atomes, en ÉTOILES — et même, constamment, en étoiles hexagones, à 6 rayons? Pourquoi cette constance impeccable du nombre 6, et de l'angle corrélatif de 60°? — thème harmonique par excellence, qui ne se dément jamais et persiste sous des variations innombrables...

Vous pouvez compter jusqu'à 42 de ces motifs naturels, — non pas cristaux, mais groupements symétriques d'éléments cristallins très petits. On a peine à s'imaginer, n'est-ce pas? qu'il n'entre point ici quelque fantaisie voulue de décor, une *coquetterie* plastique, si j'osais dire. Mais c'est là l'éternelle illusion : hantise d'une beauté qui ne se crée réellement qu'en nous-mêmes, et que nous projetons d'instinct dans les choses. Celles-ci n'ont pas, à proprement parler, la « beauté », elles ont seulement ce caractère qui provoque en nous l'idée de beauté : la *perfection* ; et cela suffit. Même cette perfection, il ne faut la prendre ici qu'au point de vue strictement géométrique, mécanique, comme on dit un carré *parfait*, un cercle *parfait*.

Lorsque, sur un cercle, nous reportons 6 fois une ouverture de compas égale au rayon, une

1. Il en est ainsi dans les roches ignées primitives, granites ou porphyres, qui, produits d'épanchements considérables, ont mis un très long temps à se prendre. Aussi contiennent-elles des éléments cristallins plus ou moins nets, tandis que les roches récentes ou *laves*, provenant d'épanchements limités, vite refroidis, sont amorphes (*verre des volcans*).

figure harmonieuse en ressort. Même, en laissant
la pointe du compas tracer chaque fois sa portion
de circonférence fatale, on obtient, par intersection des 6 arcs, une fleur hexagone très élégante.
Il éclate aux yeux, en cette expérience, que
la beauté, la puissance décorative des formes sont
engendrées par une pure nécessité mathématique.
La rose du compas, si peu compassée, si vivante,
est-elle autre chose qu'une conséquence de l'exacte
divisibilité du cercle par son rayon ?

Reste donc à savoir comment ce tracé, que
réalise le compas, est reproduit par les forces naturelles, automatiquement, en un bloc de glace.
Le problème est autrement difficile, aucun
instrument n'intervenant cette fois du dehors
pour expliquer, par sa propre rigueur, celle de la
figure naissante. Celle-ci se crée sous nos yeux,
sans intermédiaire... au moins sans intermédiaire
apparent... Or, comme en tout l'Univers on ne
peut admettre un mouvement sans moteur, cher-
chons le moteur. Celui-ci doit réunir évidemment ces trois conditions : il échappe à la vue
comme à l'ouïe ; il possède un rythme bien net ; il
tend à rapprocher les atomes. Or, seul, le mouvement vibratoire appelé *Calorique* est capable
de tout cela : nous ne pouvons le percevoir que
par le tact, sous une sensation de chaleur ou de
froid ; nous savons mesurer, en revanche, sa période, son nombre d'oscillations par seconde ;
enfin, nous connaissons son pouvoir d'écarter, en
s'accélérant, les atomes, et de les rapprocher en
ralentissant son allure.

De sorte que ce seul agent, la *Chaleur*, suffit à

tout expliquer : la transformation de l'onde coulante, ou de la vapeur flottante en bloc de glace,
l'arrangement des particules en ce bloc et la ré-

Etoiles cristallines ou *minérales* (fleurs de glace).
Etoiles vivantes, végétales et animales.
Etoiles artificielles et artistiques (roses, *gloires*).

gularité de cet arrangement. L'onde *sonore*
aligne bien des grains de sable, en directions
symétriques, à la surface de plaques métalliques
vibrantes. Ces figures, dites de *Chladni*, sont une
manifestation admirable du pouvoir plastique des

vibrations. Une des plus connues, des plus élémen-
taires se compose justement de *6 rayons également espacés*. Elle nous aide, par suite, à comprendre les hexagones de la glace : ici, de même,
c'est une ONDE qui, traversant chacun des petits
disques glacés, y dessine des lignes nodales (1).
Onde plus subtile, sans doute, et d'un autre ordre
de grandeur, qui se propage dans l'éther, non
dans l'air ; mais *onde*, toujours, ayant comme
l'autre une période mesurable et réglée par les lois
du pendule.

Nous n'approfondirons pas davantage ce sujet
neuf. N'est-ce point beau, déjà, de pouvoir saisir,
sur deux domaines si distants, l'unité du principe harmonique ? Et la parole de Tyndall ne
semble-t-elle pas plus lucide, lorsqu'il dit que
« la glace est au verre ce qu'un oratorio de Hændel
est aux cris de rue » ? Nul doute que si les vibrations qui dilatent les corps ou les resserrent ébran-
laient un appareil plus perfectionné que la peau,
nos aises ou malaises, sensations si vagues du
chaud et du *froid*, prendraient l'esthétique précision d'intervalles et fonderaient une *musique*.
Au moins, dans l'ordre présent des faits, l'*harmonie*, muette pour nous, se révèle assez brillamment en la symétrie des atomes.

LE GLACIER

La température varie, sur notre planète, suivant deux échelles, en croix, l'une sur l'autre :

1. Aussi (et secondairement) l'Attraction moléculaire.

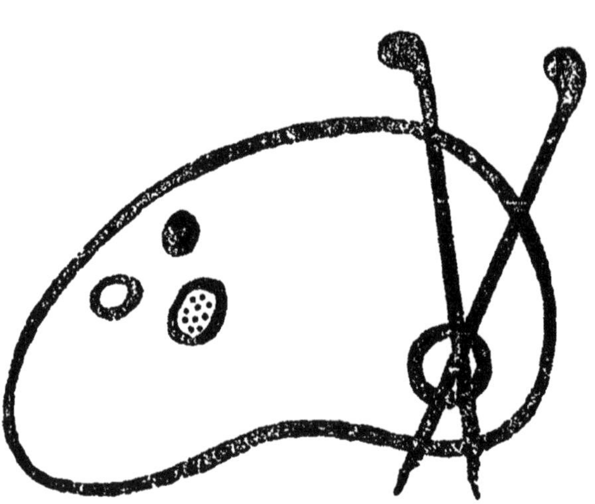

Original en couleur

NF Z 43-120-0

Les sculptures de la Mer. Needle Rock Plemont, Jersey. (Cliché Neurdein frères).

que l'on s'avance de la ligne de l'Équateur à l'un et l'autre pôle, ou qu'on s'élève, en un point donné, de la plaine vers la montagne, on sent le froid succéder peu à peu à la tiédeur de l'air, et simultanément, on voit la pluie se transformer en neige. C'est ainsi qu'il existe à la fois des glaciers polaires et des glaciers montagneux. Les premiers s'étendent à peu près horizontalement, au niveau des mers ; les seconds s'étagent sur le flanc des massifs, à des altitudes diverses. Ainsi, la glace est fonction de l'*altitude* comme de la *latitude*. Elle s'accumule en dômes bas, énormes, aux deux bouts de l'axe terrestre, à cause de l'obliquité des rayons solaires en ces points ; et, d'autre part, elle tapisse les hauts sommets, par le refroidissement qu'entraîne l'air raréfié.— La montagne, de plus, joue le rôle de condensateur ; sa masse arrête les courants tièdes de vapeurs et les condense comme la vitre fait pour nos haleines : on voit le mont Pilate, en Suisse, se coiffer de son chapeau — chapeau gris de brumes ou de pluies pour les altitudes médiocres, chapeau blanc de neige et de glace pour les pics superbes.

Que devient la neige qui, sur ces toits du monde, tombe en rafales tourbillonnantes et silencieuses ? — A première vue, la question paraît simple... Elle se change en glace, naturellement, et produit ce qu'on appelle un glacier... Mais l'histoire du glacier n'est pas si courte ; elle offre des difficultés d'interprétation auxquelles la Science s'est longtemps achoppée. Pourquoi, par exemple, la glace, qui s'entasse chaque hiver dans les cirques, n'arrive-t-elle pourtant jamais à produire une accumulation redoutable ?... Qu'est-ce qui fait descendre le glacier, de son lieu d'origine, au seuil des vallons fleuris, verdoyants? Enfin par quelle vertu singulière ces blocs de glace rigides, brisés, fissurés, anguleux, se ressoudent-ils à vue d'œil, de manière à reconstituer une belle surface homogène ?

En deux mots je vais essayer de répondre. Le glacier, que très justement on compare au fleuve, a, comme lui, des rives qu'il ronge et polit, une source, une embouchure, des affluents. Tel un torrent — sauf la vitesse, — il descend le long des ravins escarpés, traverse la montagne en écharpe et vient aboutir à la plaine; là, ce torrent de glace, atteignant des zones plus tempérées, se résout en eau par fusion : c'est alors la source d'un grand fleuve, le Rhône par exemple, qui prend naissance au bas du mont Saint-Gothard. On voit ainsi comment le glacier, mourant constamment à sa base, peut se régénérer au sommet, et laisser toujours de la place aux neiges nouvelles; sans quoi, la couche s'accroissant d'un mètre par an, je suppose, dix-huit siècles écoulés auraient porté son épaisseur à 1.800 mètres (1).

Ainsi le glacier doit descendre : il descend. Mais comment descend-il? — Par son propre poids, et la pression des neiges qui l'entraînent lentement sur les pentes. La vitesse du fleuve de glace est trop faible pour être constatée autre-

---

1. La « Mer de glace », au massif du mont Blanc, parcourt en un an l'espace approximatif de 147 mètres, — ce qui fait 40 centimètres par jour, et 17 millimètres par heure.

ment que par des repères; mais si l'œil ne l'aperçoit pas, l'oreille en entend comme l'écho dans ces craquements qui révèlent une masse mouvante, incessamment tiraillée, résistant par sa cohésion à la pesanteur qui l'entraîne. *Le glacier cède en gémissant*, a dit le naturaliste Forbes. Aussi, quand l'Alpiniste sonde ces crevasses effrayantes ou parcourt du regard ce champ de glace incohérent, fissuré, ne peut-il se faire à l'idée d'un mouvement continu, croit-il plus volontiers à des cataclysmes séparés par de longs repos... Il ne connaît pas le phénomène curieux du *regel*. La démonstration du « regel » est de Faraday; son explication est due à Tyndall.—«Un jour d'été très chaud, dit ce savant, j'entrai dans une boutique du Strand; des fragments de glace baignaient là, dans un bassin d'eau. Prenant l'un de ces blocs, avec l'autorisation du marchand, je m'en servis pour attirer tous les autres et les entraîner hors du récipient. Bien que le thermomètre marquât en cet instant 30°, les morceaux de glace s'étaient soudés à leurs points de jonction. »

Cette plasticité de la glace est utilisée, d'une manière artistique, pour mouler des coupes ou des sphères offrant la transparence du cristal... mais si fugitives! Les montagnards la mettent à profit, pratiquement, pour consolider les ponts de neige. Pour qui ne connaît pas la puissance de cohésion du regel, il est effrayant de voir un guide s'aventurer sur ces passerelles volantes, faites de flocons, et les tasser du pied pour les durcir.

Que se passe-t-il donc en tous ces cas ? — Voici : les fragments de glace ou de neige isolés éprouvent, à leur surface, un commencement de fusion : une atmosphère aqueuse les entoure. Mis en contact et fortement pressés l'un contre l'autre, les deux blocs n'en forment plus qu'un : leurs faces contiguës cessent alors de fondre, puisqu'elles ne sont plus à l'air libre, mais au centre du bloc total nouvellement formé. Prenant la température du milieu ambiant, elles se congèlent, et la soudure s'effectue.

Tel est le phénomène de *regélation*, grâce auquel la masse hétérogène d'un glacier redevient bientôt homogène et, toujours morcelée, ressoude toujours ses morceaux.

Que deviennent, dans ces dérangements successifs, nos « fleurs de glace » ? — Détruites par la fusion interstitielle, elles se reforment avec le regel, pour se détruire encore... Une pareille agitation ne convient guère, en somme, à la multiplication des frêles étoiles cristallines. C'est dans la glace des lacs qu'il faut les chercher : là, sur le miroir des eaux calmes, les mêmes cristaux organisent leur architecture à loisir ; même la direction constante de leur axe fait, de leur infinie multitude, un seul plan pour le rayon polarisé.

Dans un ouvrage consacré aux harmonies de la Nature, nous ne saurions passer sous silence une propriété vraiment providentielle de la glace. Tandis que la plupart des fluides, en se solidifiant, se contractent, l'*Eau*, devenant glace, se gonfle : elle augmente de volume et diminue de poids : c'est ce qui la fait flotter sur les fleuves, les lacs, les Océans, — respectant ainsi la vie qui frétille en ses profondeurs. Mais il y a plus : ce mouvement d'expansion de l'Eau, qui succède à sa contraction, débute à la température de $+ 4^{\circ}$ (centigrades). Refroidissez de l'eau dans un tube : le niveau du liquide baissera, mais seulement jusqu'à 4°. De 4° à 0°, il remontera contre toute attente. — Ce fait a toujours eu le don d'étonner les savants : ils constatent avec surprise que l'eau, bien avant de se congeler, renverse le sens de son jeu moléculaire ; ils constatent en même temps que cette loi d'exception permet aux couches tempérées d'un lac ou d'un fleuve de gagner le fond, étant plus pesantes, en sorte que la faune aquatique persiste à jouir, sous son toit de glace, d'un climat suffisamment doux.

Voilà ce qui se cache d'harmonieux, sous ce principe physique, un peu pédant, du *maximum de densité de l'eau.* Qualifié de paradoxe naturel par les savants, il n'offre à nos yeux rien d'imprévu ; nous n'en sommes pas affecté comme d'une anomalie singulière ; mais nous l'admirons à la fois comme un accord logique et comme un accord bienfaisant.

LA GRÊLE

Aux plus chauds jours d'été, sous les climats même torrides, la glace fait son apparition courte, fugitive, mais brutale : c'est la grêle. Elle arrive plus souvent après qu'un soleil de plomb a dardé,

peu de minutes après que le ciel était le plus
pur, le feuillage le plus luisant, le parfum des
fleurs le plus suave... Un amas de cumulus enflés
en ballons, enchevêtrés l'un dans l'autre, l'amène
d'un coin d'horizon avec la foudre. L'Eau et le
Feu se cachent ensemble en ces vapeurs amonce-
lées... A peine un premier roulement au lointain, vous laisse-t-il le temps de chercher un
abri. De grosses gouttes déjà mouillent la terre
sèche ; on est sous la frange, encore lumineuse,
de la nuée d'orage : mais celle-ci s'épaissit en
marchant, couvre tout, peu à peu, de son ombre,
fait un crépuscule sinistre... Un éclair! C'est
l'orage qui vient sur vous, va passer sur les
têtes et les cimes d'arbres qui se penchent...
Alors c'e-t vite fait : les menues pailles, volant
des meules, annoncent le tourbillon d'air et d'eau.
Entre deux décharges de foudre, le vent siffle,
module sa longue chromatique plaintive ; et puis
soudain un crépitement sec et pressé vous surprend... Les grêlons se précipitent, pesants et
rapides, en blanche mitraille ; leur chute tumultueuse, à reflet métallique, assourdit le tonnerre,
aveugle les éclairs.

Un moment, cette neige armée domine, de son
énergie, tout l'orage : c'est une mêlée d'eau, de
glace et de feu ; si vive, si confuse, qu'on croit
voir une déroute ... Et, peu de minutes
après, voici que la nue se frange de lumière
douce ; le soleil filtre sous les vapeurs étalées ;
un pan d'azur s'ouvre et, quittant l'abri, vous regardez cet hiver prompt et foudroyant fuir dans
le ciel, et sur le sol les globules de glace qu'il a

semés. Ceux-là ne sont pas faits de fleurs cristallines. Car la *grêle*, fille de l'éclair et du tourbillon, n'est point la *neige* flâneuse et brodeuse... Ses couches concentriques, serrées comme les bandes d'un obus, font des projectiles qui frappent, et non des flocons qui tapissent... Des hivers de six mois étendaient sur l'herbe un vaste et doux manteau protecteur ; celui-ci, qui dure à peine un quart d'heure, a brisé les tiges naissantes, criblé les feuilles, haché les épis, cela, sur un carré de cent mètres... Dire que c'est la même eau qui, gelée, préservait la terre du gel, et qui maintenant la prive de ses fruits ! Mais ce serait folie de se révolter contre un ordre de choses qu'on sait logique et toujours conséquent. Même au point de vue strict de la Science, *il faut* que la grêle soit, puisqu'il y a des nuages, des courants atmosphériques, un fluide électrique ; or ces trois choses sont nécessaires et, qui plus est, salutaires. Pensons que la grêle, en somme, est l'épisode bref, meurtrier, d'une longue histoire où l'Eau se manifeste vitale, l'Air utile. Et que la vue des champs dévastés, des terres ravinées, des labeurs perdus, ne nous fasse pas oublier le spectacle des moulins en travail, des voiles poussant les navires, des fleuves charriant nos convois de blés et de vins...

La Nature est une symphonie faite d'accords et de dissonances alternées. Elle est belle, elle est bonne ainsi. Pourrait-on, au fait, supposer une musique sans dissonances ?

LES USAGES DE L'EAU

Pour appliquer à nos besoins l'*Eau*, comme le Feu, nous sommes à l'école de la Nature. En travaillant, la Nature nous apprend à travailler pour nous-mêmes ; ses ouvrages, grandioses, synthétiques, inspirent nos industries minutieuses, particulières. Ainsi nos lampes, nos fanaux, nos jets de gaz ou de lumière électrique sont des copies réduites du soleil ou du disque lunaire, des étoiles, des sources de pétrole spontanément enflammées, des aurores polaires, — ou parfois des copies amplifiées des feux follets, des vers luisants... Les bouches volcaniques à feu constant ou par alternance ont sans doute suggéré les *phares ;* elles remplacent avantageusement ceux-ci sur certains points : par exemple, le volcan de l'île Bourbon, visible en mer, la nuit, à quinze lieues, le Vésuve, le Stromboli, tout le cercle de feu du Pacifique. Les côtes les plus périlleuses sont ainsi, déjà, les mieux éclairées. Le spectacle des laves figées, des minerais coulant par l'incendie des soufrières, celui des scories, des verres volcaniques, des fulgurites, a dû favoriser l'éclosion de la métallurgie, de la verrerie, de la céramique. Nos systèmes de chauffage à la vapeur, à l'air passant dans des tubes à feu, sont la reproduction du *Gulf Stream* en miniature. Enfin l'éruption des volcans, avec leurs jets de *bombes*, leurs explosions, prélude à cette balistique étincelante, l'*artillerie*.

Sur le domaine si différent de l'élément liquide, nous ne sommes pas non plus premiers inventeurs. Quels sont les usages de l'*Eau*? D'étancher la soif, de purifier le corps, les vêtements, les objet souillés, d'éteindre le feu, de dissoudre les sucs, puis de transporter nos produits, nos personnes, de mettre en mouvement nos engins, enfin d'irriguer la terre où poussent nos céréales, nos vins, nos légumes. Bref, l'Eau se présente à notre industrie sous trois formes : comme *aliment*, détersif ou médicament, comme *véhicule* et comme *moteur*. Eh bien, dans tous ces offices, la Nature encore nous précède, car, avant nos arrosements, elle répand ses pluies ; elle nourrit les végétaux, des siècles avant que parût le premier animal, *a fortiori* le premier homme ; le flux et le reflux lavent et sèchent alternativement les rivages ; les vagues, auxquelles tout arrive, purifient tout de leur sel et de leur brassage sans trêve ; les lourdes averses orageuses débarrassent l'air de ses germes et corrigent le méphitisme.

Les « eaux minérales » ne sont-elles pas un remède directement emprunté, sans modification, à la Nature? L'idée du *moulin à eau* vint sans doute à l'homme en voyant une branche de saule tenant au tronc, se relever et s'abaisser périodiquement à l'onde qui passe ; et l'idée du *navire*, en voyant cette branche, détachée, se diriger, suivant sa longueur, au fil du courant, traverser le fleuve, atterrir.

Je vais tracer rapidement l'histoire *alimentaire* de l'Eau; puis celle de ses *puissances motrices.*

L'EAU COMME ALIMENT

L'EAU SUBSTRATUM UNIVERSEL

Pure, l'*Eau* constitue la boisson la plus essentielle à la vie et, dans certaines conditions de vie, la plus parfaite. En les breuvages compliqués, elle demeure encore une base indispensable, un températeur opportun dans les liquides brûlants, fermentés. Et pourquoi cela? — Parce que, partout dans notre univers, ce composé de l'Hydrogène avec l'Oxygène est présent, qu'il pénètre les corps vivants comme les roches, que sa stabilité chimique, sa neutralité, son degré physique de fluidité, de légère viscosité, font de lui le véhicule par excellence des poudres, dés sucs et des dissolvants. Par les sels qu'il tient en dissolution, le protoxyde coulant d'hydrogène active d'abord la sédimentation et l'affine; car si la force mécanique de l'Eau dépose les sables, les limons, sa force chimique prête aux animaux testacés un calcaire que ceux-ci restitueront au sol, quelque jour. Or cette absorption de la substance minérale par l'être organique est, pour ainsi parler, le prélude de la digestion, de l'assimilation vitale. Le mollusque boit l'eau marine, en partie, pour munir sa peau nue d'une coquille : ainsi le chaume d'avoine ou de seigle boit l'eau terrestre afin d'incruster ses tissus mous de silice. Enumérez toutes les espèces d'aliments connus : ils ont l'eau pour base et pour substratum ; que ce soit la bière ou le lait, les viandes ou les féculents, les légumes ou les fruits, l'*Eau*, bien dissimulée sous la saveur spéciale du produit, se trahit constamment à l'analyse qualitative ; et l'analyse quantitative décèle son importance par un gros chiffre (1).

Il en est, à ce point de vue, du dedans comme du dehors, et le *sang* qui coule en nos veines, si coloré, si coagulable, si *spécial*, renferme, sur 1000 parties, 200 seulement d'élément actif — et 800 d'eau pure !

En définitive, tout, dans la Nature, est plus ou moins dilué. Ce que nous appelons une concentration — est seulement une dilution minimum. Les eaux minérales, que nous allons étudier, en sont un exemple typique. Mais elles ne constituent, après tout, qu'un cas particulier de la grande loi. Ne faut-il point s'étonner de la résistance opposée par la Science actuelle, qui connaît ces faits, à la doctrine d'Hahnemann ?

EAUX MINÉRALES

L'eau de source la plus pure, et qu'on boit pour se désaltérer, simplement, est déjà une *eau minérale*. Si sa masse n'était pas pénétrée de fines particules salines, — sulfate ou carbonate de chaux, chlorures alcalins, elle ne serait pas eau potable. En effet, nous ne buvons pas seulement

---

1. On est stupéfait de constater que le *lait* (contenant sa crème et *non baptisé*) renferme naturellement de *80* à *80* parties d'eau claire, sur 100, et que le *gypse*, ou pierre à plâtre, on dissimule, sous son apparence si sèche, 21 0/0.

à cette fin de rafraîchir notre gorge desséchée ; plutôt, le sentiment d'altération que nous éprouvons dans ce cas est le signe stimulateur d'une fonction plus générale et plus essentielle : il faut à notre sang, à nos os, ces atomes salins que contient l'eau, quand elle est complète. Or, ni notre sang, ni nos os, ne réclament à haute voix leur aliment : il suffit qu'un malaise vague, la *soif*, parle pour tout le reste, et que l'Eau, cachant ses ressources, nous tente de sa seule fraîcheur.

Il n'en est plus de même pour les eaux qui s'échappent de terre, en certains lieux, bouillantes et surchargées, relativement, d'éléments solides. Celles-là ne sont guère attractives, de soi ; leur température, leur odeur souvent sulfureuse, leur saveur amère ou styptique, ou leur goût d'œufs gâtés, soulèvent l'estomac par avance. Il fallut qu'un chien, paraît-il, guidé par l'instinct aveugle et souvent si sûr des races animales, enseignât aux contemporains de Charlemagne les eaux d'Aix. Depuis, le succès des *thermes* a toujours été croissant. La foule accourt là, chaque année, peuple les stations de l'Est ou du Sud, désireuse d'échapper à Paris — et de le retrouver à la fois. Chances de guérison, attrait du voyage ou besoin de distractions ? Ou bien tout cela réuni ?... Les médecins — même ceux des eaux — n'ont pas d'opinion précise sur leur vertu. La doctrine allopathique, qu'ils professent pour la plupart, les gêne pour reconnaître ici l'efficacité de doses minuscules. « Une eau minérale, écrit le docteur Constantin James, n'est pas une dissolution saline ordinaire ; c'est un breuvage à part, qui a ses éléments propres et sa saveur spéciale, que la Nature a fabriqué par une sorte de *chimie occulte,* et dont elle s'est, jusqu'à présent, réservé la recette : la connût-on, qu'il resterait la difficulté de l'appliquer. Or, ajoute-t-il, je crains bien que, de longtemps encore, nous n'en soyons réduits à accepter pour devise ces paroles de Chaptal. — « Quand on analyse une eau minérale, on dissèque un cadavre. »

Voilà, me semble-t-il, un acte d'humilité excessif. Eh quoi ? la variété de substances extraites de ces sources, l'activité bien connue de certains de leurs éléments, leur température souvent brûlante, les dépôts organiques qu'elles abandonnent, l'électricité qu'elles dégagent, — tout cela n'est-il donc pas fait pour stimuler notre organisme et le guérir, à l'occasion, de ses maux ? Même, je croirais volontiers que la dose infinitésimale, invoquée comme une objection, est au contraire pour beaucoup dans leur efficacité. Des substances telles que le *soufre,* le *charbon,* l'*iode,* le *fer,* l'*arsenic,* sont d'autant plus actives qu'elles sont plus divisées. Or le soufre, le charbon, l'arsenic, l'iode, le fer, s'extraient de beaucoup d'eaux minérales (1).

Et d'ailleurs, est-il raisonnable de compter ici sans peser ?... Je veux dire de n'être attentif qu'à ces ingrédients pris à part, et de négliger l'ordre, la proportion suivant laquelle ils s'associent...

---

1. « Il est même remarquable que les sources dont l'efficacité est renommée depuis des siècles sont précisément celles qui renferment de l'*arsenic.* » TISSANDIER, *l'Eau,* 1 vol. Hachette (Bibliothèque des Merveilles).

C'est dans le groupement des atomes que chaque
corps, acide, alcalin, puise ses propriétés spécifiques. On sait quel changement radical entraîne
le simple déplacement d'une molécule. Il n'est donc
pas absurde de penser qu'en plus gros, dans la
solution, existe un groupement, une architecture analogue. Au moins la solution contient-elle
en chacune de ses gouttelettes un exemplaire
atomique de chaque substance, et comme les atomes ainsi rapprochés subissent des attractions ré-
ciproques—ou des répulsions,—on peut imaginer
la molécule d'une eau minérale donnée prenant
une figure propre, et par suite un ensemble de
propriété définies.

Un parallèle, d'autre part, entre les doses de
sels en ces eaux et les doses de sels identiques
dans nos humeurs serait au plus haut point in-
structif. Des deux côtés on trouverait la loi d'extrême dilution appliquée : le sang, au moins dans
son *serum*, peut être regardé comme une sorte
d'eau minérale : eau chlorurée, sodique et ferrugineuse à la fois, qui renferme à peu près tous les
éléments des sources médicinales ; elle est même, à
cause de sa chaleur, eau *thermale*... Elle aussi,
comme certaines fontaines des Pyrénées, nourrit
des organismes parasites et voisins des algues os-
cillantes, des vibrions. Je ne sais si quelque docteur allopathe s'est avisé du rapprochement, mais
il est, sans contredit, favorable aux données ho-
mœopathiques. La célèbre formule « *Similia si-
milibus, non contraria contrariis, curantur* »,
triomphe ici, dans cette acception nouvelle, et
sans préjudice de l'autre.

La classification des eaux minérales par Chevreul est la plus simple et la meilleure. Les eaux dites *gazeuses* renferment de l'acide carbonique, qui fait effervescence et donne à l'eau de Seltz son goût piquant bien apprécié. C'est à peine si j'ai besoin de citer la Bourboule Mont-Dore, Saint-Galmier en France, Ems et Wiesbaden en Allemagne. Les eaux qualifiées de *salines* contiennent bicarbonate ou sulfate de soude ; elles sont ordinairement chaudes : ainsi les sources de Plombières, en leur délicieuse vallée vosgienne, celles de *Bagnères-de-Bigorre* — Bagnères, « séjour de plaisir et d'amour », dit la chanson ; puis Bourbonne-les-Bains, également pyrénéenne, et Vichy, dont Mme de Sévigné vantait surtout le paysage, pourtant médiocre...

Les eaux *ferrugineuses* mettent au palais un goût d'encre astringent, fort désagréable, — ce qu'on nomme en chimie « la saveur *styptique* ». Celles de *Cransac* et de *Spa* sont les plus célèbres. Elles passent pour colorer le sang, — ce qui n'est pas un pur analogisme, fondé sur les riches teintes de la rouille ; mais on sait que la matière colorante du sang (l'*hémoglobine*) a pour base fixatrice le fer. Il est intéressant de rapprocher de ce fait l'expression des médecins, « une préparation *martiale* », l'éclat rougeâtre de la planète Mars, et les taches de *rouille* du sang desséché sur les pierres, sur les habits. Décidement, la théorie « des signatures », dont on fit, au Moyen Age, un tel abus, n'est pas absolument, et constamment, erreur.

Enfin, par leur senteur suspecte, et pourtant si

saine, les eaux *sulfureuses* s'annoncent de loin. A *Barèges*, à *Bagnères-de-Luchon*, « reine des Pyrénées », se manifeste avec discrétion une force souterraine qui là-bas, aux plateaux d'Islande, sème le soufre sur la neige, et saupoudre aussi de ce pollen mort les riants alentours du Vésuve.

L'EAU MUE ET MOTRICE

L'EAU MUE

L'usage que nous faisons de l'eau nous oblige à dresser des monuments à son propre usage. Ce sont les *Thermes*, les fontaines, les « châteaux d'eau », les aqueducs. Déjà, sans préoccupation expresse de beauté, la Nature prépare aux grands rôles de cet élément une mise en scène... Ou plutôt c'est l'Eau qui se monte elle-même un décor dans la source, dans la cascade, dans la falaise bien sculptée, dans la plage exactement modelée. Mais, certain jour, cette belle Eau libre et vagabonde devient prisonnière de l'homme : l'homme lui bâtit ces geôles qu'on nomme *châteaux d'eau*, prises d'eau ; il la *capte*. A sa source, il élève le marbre d'une fontaine ; à son embouchure, il étend les bras de granit d'un môle, d'une jetée. Jaillit-elle de terre bouillante et saturée de principes salins, il entoure sa gerbe sulfureuse ou ferrugineuse d'un temple médical, les *Thermes*. Enfin, la détournant du ravin écarté qui n'a vu boire que des oiseaux, il la conduit de force au long de ce portique indéfiniment prolongé dans la plaine :

l'aqueduc. Elle entre ainsi, suspendue, triomphalement esclave, en nos grandes cités... Là, que de besognes l'attendent ! Peu de nobles, en vérité, beaucoup d'infimes. Eau lustrale, sans doute, elle attend nos doigts en le bénitier des églises, attend le chrétien nouveau-né dans la fontaine baptismale, — sur les *fonts.* Citoyenne de Paris, de Londres ou de Saint-Pétersbourg, — *Seine, Tamise* ou *Néva,* des quais superbes font la haie sur son passage, les ponts se courbent sur elle en arcs de triomphe ; elle reflète l'auréole joyeuse ou glorieuse de la grand'ville... Mais tant d'honneurs sont pour la faire travailler : des bateaux vulgaires la tourmentent de cent remous, des trains de bois flottant encombrent son cours. Ses flots nobles rasent de banals établissements de bains, des écoles de natation. La gloire de se donner pour les incendies ne compense point l'affront qu'on lui fait en y jetant les plus infects résidus, transformant son lit en égout. Il est vrai qu'étant à la peine, elle est quelquefois au plaisir : on la fait figurer aux fêtes, à Versailles par exemple, où, dirigée par la machine illustre de Marly, ses fusées hydrauliques s'associent aux jets pyrotechniques, et ses nappes sonores deviennent nappes lumineuses.

Dans les machines élévatoires du type ancien (celle de Marly), je signale ce point curieux : c'est qu'on y force l'Onde à se transporter elle-même, de son propre élan. C'est effectivement l'énergie du flot qui, poussant les palettes, fait, par leur intermédiaire, monter le flot. — Mais, dans la plupart des cas, le liquide est purement utilisé comme *moteur*. Ce rôle, pour l'eau fluide et coulante, est restreint : il s'arrête à l'antique *clepsydre*, à nos *turbines*, aux *moulins*, déjà démodés, qu'une rivière met en œuvre. Au contraire l'eau « sublimée », réduite en vapeur, a de plus hauts, de plus longs destins.....

LE MOULIN

L'eau, prise comme moteur, offre plus d'égalité que le vent : l'élément *coulant*, sous ce rapport, est supérieur à l'élément *soufflant*. Ce qui n'empêche pas le moulin à eau d'être soumis lui-même à certaine périodicité dans sa marche. En effet, la plupart des rivières sont d'allure trop nonchalante pour alimenter l'énergie d'un tel mécanisme, faire tourner des roues volumineuses, des meules pesantes... Or il n'est qu'un moyen d'augmenter la vitesse de l'eau, c'est d'accroître sa masse ; et pour le faire, il faut retenir cette eau par moments et l'emmagasiner. C'est là l'office de la *vanne*, espèce d'écluse qui, baissée, barre la route au flot, l'accumule en amont, concentre, en quelque sorte, son potentiel. Celui-ci, les vantaux levés, se décharge, et du paisible ruisseau fait un torrent. Les ondes, dirigées par un canal nommé *bief*, viennent heurter les palettes en bois de la roue motrice ; alors le moulin, désembrayé, se met en branle.

Cette roue motrice, à demi plongée dans le tourbillon écumeux qu'elle soulève, est l'organe apparent, la partie pittoresque de la machine. Elle répond aux bras du moulin à vent, qui sont, eux, immergés en bloc dans le tourbillon atmosphérique invisible. Mais, à part ce contraste extérieur, qui fait l'appareil aérien plus libre et plus calme, — l'appareil aquatique plus captif et plus tourmenté, tous deux offrent ce trait commun de dissimuler leurs rouages essentiels au regard. Et peut-être la beauté de pareils objets, créés sans préoccupation de beauté, naît-elle justement de ce que le *geste* en est évident, non le mouvement vital ; d'instinct nous rapprochons ces automates des corps animés, dont nous voyons remuer les jambes ou les bras, sans pénétrer les ressorts secrets qui les font mouvoir...

Comme l'anatomiste perçant le mystère des tissus, des viscères profonds, entrons au *cœur* de ce moulin, mettons à nu son mécanisme. Une roue parallèle au large volant hydraulique accompagne, au dedans, le geste tumultueux du dehors : petit soleil tournant, se réglant sur la marche du grand soleil. Les innombrables dents qui garnissent sa jante lui firent donner le sobriquet technique de *hérisson* ; par ces dents, il s'engrène avec celles d'un tambour orienté debout : la *lanterne*. Vous touchez là le procédé le plus simple pour transformer un mouvement de rotation vertical en mouvement horizontal. Ce qu'on appelle *l'arbre de couche* communique ainsi son impulsion au pivot porteur de la meule, au *gros fer*. La meule... je devrais dire *les meules*, car il en est deux : l'inférieure est fixe, immobile, elle reçoit ce nom bien expressif : la *gisante* ; celle sise au-dessus, la « *courante* », est, au contraire, en activité perpétuelle. Là-haut, du comble, un entonnoir quadrangulaire, ou *trémie*, lui déverse le grain qu'elle broie contre la meule antagoniste et passive.

Le trait d'ingéniosité de la *meule*, ce qui l'a fait qualifier d'instrument merveilleux, c'est la tendance qu'elle affirme, par le seul fait de sa rotation, à rejeter le grain du centre au pourtour. Ainsi, la même impulsion circulaire développe à la fois une force d'érosion qui presse le grain, — une force de projection qui l'étale. La surface de la meule active ou *feuillure* est taillée d'après une méthode élégante, fruit de longs tâtonnements. Les cannelures, d'abord creusées dans le sens des rayons, furent dirigées, plus tard, en lignes biaises, excentriques, à cette fin de favoriser l'action de la force centrifuge.

Il est piquant de rapprocher ici le mot *meule* du mot *molaire*, et la fonction de la « feuillure » de celle des circonvolutions dont cette sorte de dent est sillonnée chez les frugivores. Le travail de cette molaire artificielle et géante qu'est la *meule* se peut subdiviser en trois temps : déshabillage, concassage et râpage. Arrêtez son mouvement à tel ou tel stade, et vous trouverez la *boulange* sous un de ces trois états : grains décortiqués, gruaux, farine et son. N'est-ce pas une mastication gigantesque ?

Broyée sous les *éveillures* de la pierre, qui a été *rhabillée*, comme on dit, par des coups de ciseau en diagonale, la farine est dirigée vers le *blutoir*, sorte de long boyau tissé de grosse toile et secoué d'un va-et-vient perpétuel. Elle s'y tamise et tombe finalement dans la *huche*. A partir de ce moment, le rôle du meunier a cessé ; c'est celui du boulanger qui commence.

En quittant le moulin, nous gardons encore en l'oreille son bruit de *tic-tac* si célèbre. D'où naît ce bruit ? D'un système mal assourdi de leviers qui donne au blutoir son jeu de va-et-vient. Il *sasse* et *ressasse* son rythme : aussi l'appelle-t-on, entre gens du métier, le *babillard*... Mais, une fois sorti, ce son grêle et brisé se noie dans le magnifique tumulte des eaux, l'assourdissant mais harmonieux maëlstrom que déchaîne la roue hydraulique.

LA MACHINE A VAPEUR

De l'eau froide qui pousse les palettes du moulin à l'eau bouillante dont l'effluve pousse le piston d'une locomotive, il n'y a qu'un pas. Mais que ce pas fut long à franchir ! Nous ne referons pas ici l'histoire de la machine à vapeur, tant de fois faite : il nous paraît plus original d'esquisser sa *philosophie*.

Vous savez ce que j'entends sous ce mot : dégager, en tout fait positif, l'essentiel du pur accessoire, faire entrevoir l'esprit sous la lettre. Est-il rien de plus compliqué qu'un moteur moderne, avec sa chaudière aux cent tubes, ses bouilleurs, ses soupapes de sûreté, ses pompes, ses injecteurs, ses cylindres et ses tiroirs, ses bielles, ses excentriques, et tant de détails indispensables à son maniement, mais qu'il est oiseux de connaître ? Ces détails techniques, on les étudie quand on

veut, et partout on les trouve avec abondance.
Au contraire, rien de plus rare qu'une vue nette
et compréhensive de l'ensemble, et beaucoup, ad-
mirant d'instinct la souplesse de jeu, la massive
rapidité, la vigoureuse précision des machines, ne
se forment aucune idée du principe logique qui
les fait marcher, qui les anime comme une âme.

Et pourtant cette locomotive qui, du lointain,
arrive sur les rails, affairée, grave, *volontaire*
presque, avec ses bielles se mouvant comme des
bras, son souffle haletant, sa voix sifflante, sylla-
bique, vous en imposent : vous avez peine à chasser l'obsession de quelque animal gigantesque at-
telé, par un coup d'audace, à la file de voitures
vertigineuses...

Or la vision que vous avez là n'est qu'à demi
fausse. Cette machine en effet, privée de vie,
n'en offre pas moins des fonctions analogues aux
fonctions vitales. Le parallélisme est frappant,
d'autant plus frappant qu'on serre la science de
plus près. Car si les poètes osent parler du geste
majestueux d'un volant ou du feu qui sort par les
naseaux du cheval de fer, et si les gens du métier forgent des expressions pittoresquement
humaines pour leur engin, on peut légitimement,
avec les savants, rapprocher notre nutrition,
notre propre motilité de la nutrition, de la
motilité mécaniques. Le chauffeur qui, muni de sa
pelle, enfourne le charbon à la bouche du foyer,
sait que le bloc noir, consumé, va chauffer
l'eau circulant dans les tubes de la chaudière ; il
sait que cette eau, réduite en vapeur, doit presser
une face du piston, et puis l'autre, et que, par le

moyen de leviers, le va-et-vient de cet organe fera tourner les roues motrices... Se doute-t-il que son corps, à lui-même, est un mécanisme semblable ? — que le pain, les légumes, la viande dont il se nourrit contiennent, comme élément premier, le carbone ? que ce charbon identique à l'autre, mais déguisé, se consume ici comme là, mais silencieux...? que cette combustion échauffe le sang dans ses veines, ainsi qu'elle échauffe l'eau dans les tubes, et qu'enfin le geste de ses bras d'ouvrier en dépend, tout comme celui des tiges d'acier dépend du feu que lui, chauffeur, entretient? Ce n'est point là, pourtant, une pure métaphore, et je ne fais que traduire strictement le langage des physiciens. Un chapitre récemment ouvert de leur science, et déjà consacré par l'expérimentation, me justifie : la *thermodynamique*.

On avait, depuis l'origine, observé la plus étroite connexion entre ces deux faits : *mouvement*, production de *chaleur*. C'est ainsi que les primitifs apprirent à tirer le feu d'un moulinet de bois, d'un briquet de silex. Qui n'a pas vu des étincelles jaillir des sabots d'un cheval ?

C'est un spectacle familier que celui du rémouleur arrosant par intermittences sa meule. En voyage, nous guettons, à chaque arrêt d'express, le claquement des boîtes à graisse, dont on lève le couvercle afin d'éviter l'incendie... D'autre part, pour se réchauffer, on fait de l'exercice ; on *s'échauffe* à des querelles, à des discussions.

Mais pour s'arrêter à ces faits banals, en tenter l'interprétation, il faut le cerveau d'un savant, d'un philosophe. *Rumford* le premier s'avisa d'une expérience démonstrative, et, mieux encore, il sut dégager de cette expérience la conclusion qui s'impose aujourd'hui, sans conteste. Un pivot d'acier encastré dans une pièce fixe de fer était mû par des chevaux, *en manège*, et tournait immergé dans l'eau froide. Au bout de deux heures, le frottement avait provoqué la complète ébullition du liquide. L'observateur sagace en déduisit que le dégagement du calorique devait être un phénomène *de mouvement*. — Comment cette conception, hardie pour l'époque, devint-elle, par la suite, définitive? Grâce aux expériences nouvelles, aux calculs précis de Tyndall, de Joule, de Hirn, et de notre illustre compatriote Carnot. Les dispositifs les plus variés permirent de vérifier ce fait constant : la *transformation du travail mécanique en chaleur*, et, résultat plus précieux encore, d'évaluer la quantité du travail fourni correspondant à la quantité de chaleur dégagée, ce qu'on appelle l'*équivalent mécanique de la chaleur.*

Nos machines à feu représentent une magnifique application de ces lois, en même temps qu'un exemple incomparable. En effet, qu'il s'agisse d'une machine fixe ou locomobile, nous voyons le *travail* s'y changer en *chaleur* dans la combustion du foyer, — et la *chaleur*, réciproquement, se changer *en travail* dans la vaporisation de l'eau des chaudières, puis dans l'impulsion qu'elle communique aux rouages.

Mais comment cette chose appelée *chaleur*, et qu'on sent, qu'on n'aperçoit pas, peut-elle équivaloir à cette autre chose si différente, qui se touche des yeux, et ne se sent pas : le *mouvement ?* — Prenez garde que la « chaleur » n'est pas seulement quelque chose qu'on sent par son épiderme et qui donne une impression agréable ou pénible : c'est en même temps quelque chose *qui produit du travail.* Et ce travail, vous le connaissez : c'est la *dilatation* des corps échauffés. Mais, en outre de ce travail *extérieur,* il en existe un autre, *intérieur,* auquel ne correspond, cette fois, aucune perception. Cette partie du calorique perdue pour nos sens, et que les physiciens nomment *chaleur latente,* elle est justement la plus active et la plus efficace, hors de nous. C'est elle qui réalise la fusion de la glace en eau, puis la vaporisation de cette eau. Pour éviter toute confusion, je proposerais de l'appeler *chaleur active,* par opposition à celle qui, ne travaillant guère, se manifeste à nos sens : *chaleur sensible.* Il règne entre ces deux formes du calorique une loi de balancement naturel : plus forte est la chaleur sensible, plus faible la chaleur active et *vice-versa* ; ainsi le travail mécanique accompli est toujours inversement proportionnel au degré de température du mobile. On sait que partout où se révèle un échauffement, — soit dans le frottement d'un essieu, soit dans un « court circuit » électrique, soit dans l'incandescence d'un projectile, — il y a suspension, arrêt plus ou moins absolu du travail. Jusque dans notre propre organisme, où la chaleur de fièvre, *l'hyperthermie,* comme disent les médecins, semble en étroite relation avec l'arrêt ou le ralentissement d'une fonction.

Quel est donc ce phénomène qui tantôt, se manifestant au dehors, parle à nos sens, en restant stérile, et d'autres fois, se dissimulant, accomplit en secret sa tâche féconde ? — Ce phénomène singulier, Rumford avait bien deviné sa nature : c'est un MOUVEMENT, — mouvement vibratoire infinitésimal en étendue, presque incommensurable dans son allure ; qui, propagé dans l'air ou l'eau, jusqu'à nous, affecte nos tissus d'une sensation : *chaud* ou *froid*, suivant la vivacité de son rythme ; qui, restreint à la structure profonde des corps, écarte ou resserre leurs atomes, liquéfie les solides, volatilise les liquides, — ou bien, ralenti, condense au contraire, liquéfie les gaz, solidifie les corps fluides.

Alors tout s'éclaircit, dans nos arts comme en la nature. Un bloc de glace est un édifice moléculaire dont les matériaux vibrent, il est vrai, mais restent fortement solidaires et cohérents. Le rayon de soleil, en accélérant ce tressaillement intime de la matière, ébranle et défait peu à peu cette architecture : les pierres croulent,... je veux dire les molécules ; le bloc est fondu ; ce n'est plus de la *glace*, c'est de l'*eau*. Si, pendant le processus de fusion, je plonge un thermomètre en ces ruines, pour ainsi dire, il n'accuse aucune variation de chaleur, il reste invariablement à 0°... Jadis on disait, métaphoriquement : La quantité de chaleur insensible, chaleur *latente*, sert justement à faire fondre la glace ; elle est *absorbée*. Aujourd'hui l'on dit, avec moins de mystère : « La somme d'*énergie* communiquée par le soleil au bloc de glace se dépense en un travail intérieur. »

Cette vue, plus indépendante de nous, plus *objective*, est d'ailleurs appuyée sur des calculs très rigoureux. Or, le rayon de chaleur n'étant en définitive qu'un rayon lumineux perçu par la peau au lieu d'être perçu par l'œil, la théorie vibratoire de la lumière vient ici compléter le tableau. Nous pouvons saisir par les yeux de l'esprit ce flot finement onduleux, qui, parti des lointains du ciel, ébranle ici-bas les édifices atomiques, et qui, suivant les cas, les fait rayonner, *résonner* de chaleur, — en quelque sorte, ou les *déforme*, en les rendant pour nous silencieux. Ainsi d'un timbre qui, frappé d'un coup discret, épand ses ondes sonores, librement, et qui, *faussé* d'un choc brutal, amortit sa sonorité, ne sonne plus que très assourdi.

Ces considérations valent pour la transformation de l'eau en vapeur; elles vous feront saisir le génie des machines à feu. Qu'est-ce que la flamme du foyer? — Vous le savez : un tourbillon de gaz incandescents, autrement dit en état vibratoire intense, très rapide. Or, grâce à la conductibilité du métal qui compose les tubes de la chaudière, cet état vibratoire se transmet à l'eau; le corps liquide est agité, d'abord, en ses molécules : on dit qu'il développe une *force vive*. S'il était sonore, il parlerait; étant « thermique », il épand cette autre musique : la *chaleur*. — Puis, à force d'être ébranlé dans sa structure, il se *fausse*... C'est-à-dire que l'énergie, désormais, n'étant plus employée à faire osciller normalement les atomes, se dépense à les maintenir écartés; la vapeur, c'est de l'eau faussée, qui ne vibre plus, ou plutôt vibre d'une période élargie, n'ayant plus d'effet ni sur notre sang, ni sur le mercure du thermomètre (1). Or ce stade, neutre au point de vue du monde sensible, est justement, dans la sphère motrice, industrielle, le stade efficace. La vapeur d'eau, maintenue telle par un énorme calorique absorbé, restitue cette prise sous forme d'énergie, de tension : de *force élastique*, si vous préférez. Cela revient à dire que son mouvement oscillatoire, démesuré, gagne en force ce qu'il perd en vitesse ; les chocs périodiques, relativement moins nombreux, sont plus vigoureux ; ils n'excitent plus l'épiderme, et voici qu'ils pressent le disque pesant qu'une tige fait glisser le long du cylindre. A ce moment commence la phase « mécanique » du travail, la phase utile. A vrai dire, elle n'a jamais cessé d'exister, car au point de vue objectif, il n'y a, du premier embrasement d'escarbille au roulement de la jante sur le rail, qu'un seul, unique phénomène : le *mouvement*. Imperceptible, au premier stade, autrement que par une sensation en apparence étrangère, la *chaleur*, il se manifeste de plus en plus sous sa forme littérale et « visuelle ». Écartons un instant la mise en scène de la flamme, de la fumée : la machine présente, dans ses travaux successifs, une pure différence de degré, — d'*ordre*, si vous voulez, pour être plus scientifique. L'énergie qu'elle met en œuvre s'incarne d'abord dans une multitude d'oscillations très petites ;

____

1. Je parle, naturellement, ici, de la vapeur « à l'état naissant ».

celles-ci prennent une amplitude plus considérable dans l'eau sublimée, la vapeur; puis le mouvement oscillatoire atteint tout d'un coup, dans le va-et-vient du piston, une prodigieuse étendue... Ce dernier, colossal et *voulu*, n'en reproduit pas moins le jeu pendulaire de l'atome : c'est un pendule infiniment plus large, sans doute, mais c'est toujours un pendule.

Est-ce que dans notre machine humaine, si souple et si peu machine d'aspect, le geste alternatif de la marche, ou celui des bras, inverse au rythme de la marche, ne répète pas, en plus grand, le battement du cœur, l'abaissement et le soulèvement alternés du thorax, enfin le rythme, au moins pressenti, de l'onde nerveuse intérieure?

Un savant distingué de ce siècle, Robert Mayer, étendit d'une manière exacte et grandiose la loi thermodynamique aux êtres vivants. Chez l'animal, en effet, l'aliment ne se borne pas à réparer le déchet des tissus; il entretient le mouvement, la vie des tissus, des organes; et cela, par une combinaison chimique perpétuelle du carbone avec l'oxygène (respiration). La *chaleur* dégagée par ce travail obscur se transforme en activité musculaire, travail apparent.

Comme en nos engins, l'équivalent mécanique de la chaleur « animale » peut s'établir; même, d'après les calculs d'*Helmholtz*, le coefficient de la machine humaine est représenté par la fraction 1/5. C'est-à-dire que l'homme utilise, en l'ascension d'une montagne par exemple, un cinquième de l'énergie disponible. A ce compte, et eu égard aux étroites limites de température entre lesquelles il fonctionne, notre organisme offre une perfection technique admirable.

Par un suprême effort de l'esprit, le jeu des forces *organiques* peut se rattacher à celui des forces *cosmiques*, de même que celui des forces *naturelles*, en général, s'est vu relier au jeu des forces artificielles, par nous créées. Si les animaux carnivores empruntent leur énergie vitale aux herbivores dont ils font leur proie, les herbivores fondent la leur directement sur le végétal. Or celui-ci, comme on sait, puise sa propre énergie dans le rayonnement solaire. *L'énergie du Soleil*, voilà donc la source initiale d'où dérive toute énergie, végétale d'abord, puis animale, industrielle enfin, peut-on ajouter, puisque la machine à vapeur doit s'alimenter de la *houille*, et que ce combustible enfoui dans le sol tient en réserve l'énergie communiquée jadis aux flores fossiles par l'astre du jour.

Pensez, pour conclure, à ceci, que l'élément spécifique de l'Eau, *l'hydrogène*, vit libre, incandescent, glorieux, dans l'espace circumsolaire, que ses flammes font au grand astre une auréole prodigieuse. Et vous saisirez mieux le lien qui rattache profondément l'une à l'autre ces deux forces antagonistes : le FEU et l'EAU.

TABLE DES MATIÈRES

PARIS. — IMP. P. MOUILLOT, 13, QUAI VOLTAIRE. — 87201.

www.ingramcontent.com/pod-product-compliance
Ingram Content Group UK Ltd.
Pitfield, Milton Keynes, MK11 3LW, UK
UKHW022221120726
13694UKWH00002B/634